U0236834

核心景观

《下册》

金盘地产传媒有限公司 策划
广州市唐艺文化传播有限公司 编著

中国林业出版社
China Forestry Publishing House

图书在版编目（CIP）数据

核心景观：全2册 / 广州市唐艺文化传播有限公司编著.
——北京：中国林业出版社，2015.11

ISBN 978-7-5038-8240-1

Ⅰ.①核… Ⅱ.①广… Ⅲ.①景观设计-图集 Ⅳ.
①TU986.2-64

中国版本图书馆 CIP 数据核字 (2015) 第 260714 号

核心景观

编　　著　广州市唐艺文化传播有限公司
责任编辑　纪　亮　王思源
策划编辑　高雪梅
文字编辑　高雪梅
装帧设计　林国仁

出版发行　中国林业出版社
出版社地址　北京西城区德内大街刘海胡同7号，邮编：100009
出版社网址　http://lycb.forestry.gov.cn/
经　　销　全国新华书店
印　　刷　利丰雅高印刷（深圳）有限公司

开　　本　1016×1320　1/16
印　　张　39
版　　次　2015年12月第1版
印　　次　2015年12月第1次印刷

标准书号　ISBN 978-5038-8240-1
定　　价　568.00元（全2册）

“核心景观”是一个非常有意思的概念，是指整个景观结构上相对关键的部分，就尺度而言，更多的是指景观细节，比如草坪的一角、屋顶花园；当然也包括人们在“用”景过程中，对景观再创造的成果。总之它在设计当中起的是画龙点睛的作用，可以表达出设计师的设计意图，成为沟通设计师与观赏者的桥梁。在这些“核心景观”当中传达了设计师的设计思想与哲学，同时它们也触动了观赏者的心弦，这样这些景观使设计者与使用者产生了共鸣。

“核心景观”的关键性体现在以其有形或无形的景观形态围合成一种独具特色的景观效果，它并不是与整体景观风格的割裂，而是整体环境的一种延伸与升华。在小尺度的景观空间中，通过以少胜多，小处见大来营造空间，将整体景观空间的“物质”升华到“意境”，打破了“核心景观”与“整体环境”的根本界限。“核心景观”作为整体景观设计的亮点或者点睛之笔，它的突破和创新可以使某些元素的重点强调或者放大，成为一种跳跃性元素，使整体景观更加具有感染力。

在进行“核心景观”的营造过程中有几个原则需要注意：一，注重设计的差异性，不因其小而忽略人们在视觉上对它的要求，它往往是设计中灵感的迸发点和闪光点，是视觉的中心，是整个景观的重点。因此，核心景观的设计要注重差异性，体现“核心”的个性特征。此外，“核心景观”设计要能反应整个景观的文化特征，要能根据时宜，起到锦上添花或画龙点睛的作用。而无论“核心景观”多么重要，在设计时，也不能让其喧宾夺主，本末倒置，景观设计师要设计的是整个景观，而不是某一个节点或一个细节。三、“核心景观”注重再设计。“核心景观”不仅仅是指景观设计师所设计的成果，更重要的是指人们对原景观的使用与再创造，我一直相信景观会不断的成长而达到更加完美的效果，那么作为一名景观设计师要注重景观的延续性与再生性，而达到持久的效果。例如，在宁波春晓创业服务中心中庭景观设计中，在一个小尺度的空间里面，我们通过线条的交错和高差的变化，产生了多个不同尺度的“回”字形空间，高高低低的错落之中非常具有趣味性，其中雕塑水景呼应了建筑风格和整体的空间感觉，成为了场所的焦点，起到了画龙点睛的效果。

植物作为有生命的设计材料，会随着时间的推移产生时刻变化而又不断成长的景观效果，乡土植物的运用还会大大的降低养护的成本，在核心景观的营造中起着重要的作用。利用各种类型植物的搭配，形成错落有致的空间层次，质感与色彩的结合创造美丽的景观构图。建筑、小品与植物巧妙的配合，往往可以形成自然生动而又独具魅力的景观空间。在千岛湖翡翠岛景观设计中，本着生态设计的原则，最大程度的保留了原有植物，与山体植物景观连成一体，体现了千岛湖的自然山水风情。在西侧内院半封闭的空间中，布置了具有古典韵味的竹、荷等植物，各个空间以石阶小径相连，极具江南精致的味道，与千岛湖山水达到了“核心景观”与“整体景观”的融合。

我在设计中渐渐的意识到，只有人参与“核心景观”的再造，增强开往空间的内部活力，才能成为人性化景观场所。因而，在整体景观设计中充分体会“核心景观”的作用，发挥其潜在的可再造的特性，注重细节设计，这样的设计才会持久而具有独特的魅力。

夏芬芬

资深景观设计师
美国景观设计师协会会员
现任安道国际设计总监

任何的“大”，都需由“小”来构成。人类在地球的自然中，从小小物种慢慢成长，长大到一种可以大范围地改变地球大地风景的生物——人类已经很强大，而人类个体却仍然很小。

不可小看“小”的威力。

我们所设计的景观，属于在大自然环境中人工介入的一小部分。而这一小部分，一般也由整体和局部构成，也可以分出大和小。这里所说的小景观，意指核心景观，是构成整体大景观中最具亮点的部分。就如画图中“图”与“底”的关系一样，“小景观”成为“大景观”（整体景观）为“底”上面的“图”，它们是整体景观的点睛之笔、整体之魂，它们并非真正意义上的小，而是大的小。

因而，这种大的小，有时会由整体景观风格决定；而有时却反过来，因为有了这种“小”，反过来影响大的景观风格。沿用建筑大师密斯·凡·德罗著名的话“少即是多”，可得：小即是大。把小景观做好，坚定信念，再综合全局，逐步把概念扩大到整体景观去，这未尝不是做好“大”景观的一种方法。

另外，在这里提出“小”的命题，是因为我们周边充斥太多的“大”问题么?

大政府，大概念、大规划、大发展、大手笔……，漫步大街边，满眼的“大”，以及因此产生满眼的“糙”，常常让人心生空虚。我们生长在这样一个大国，似乎习惯了大而粗糙的生活，城市街道越来越宽大、房子越来越整齐，而打动人的生活景观细节却似乎越拆越少。

因此，相比先提出大概念，再细化那种“大题小作”设计方法，我们应主张 “小题大做”。正如许多“大题小作” 式的电影，看似主题高大威猛，内容却因细节粗糙言之无物而招人厌烦一样，“出大题”式的景观设计方法，往往导致内容的空洞、粗糙的细节和形式的拼凑。而“小题大做”，往往因为“小”是实在并且诚实的，通过实在之物的累加，最后变成“大”，这种“大”也将会是实在和诚实的。相比那种大的空洞，我们会偏好实在的小，以及由实在的小形成的大。

这样由小及大的设计方法，在一些成功的案例中常常看到。比如Peter Walker 用“昭示缺失”那么“小”概念出发设计的纽约世贸大厦纪念场地，还有土人景观以展示认知野草之美出发而设计的几个生态公园，房木生景观由“坐卧停留”概念引出设计的唐山唐人起居景观也是其中之一。

相对于建筑的“立”，景观往往是“躺”的形象，与人的尺度最为接近。我们设计的景观显然是一种人工介入，通常还是为人所用，因此景观细节往往是人在室外接触最亲密之物。小景观的设计，无论是尺度、材质、形态，都应遵循以人为本这一原则，要充分挖掘其“小”的优势和含义，为人类的活动营造细腻入微和动人心扉的场所氛围。另外，好的设计创作创意往往来源于生活，对生活及自然规律的发现和体验感悟，不管其多小，却往往能成为我们“小景观”的设计出发点，并可以由小扩展为大。可以这么说，通常是从“小”而核心本质出发的创作意图，才能成就真正意义上的“大”。

“仰观宇宙之大，俯察品类之盛”，是王羲之《兰亭集序》里表达出的一种生命态度，这种仰望大观和俯察细微的并置，也同样适用于我们景观设计。景观的整体和局部，应该是一种和谐的共同体，正如中国的阴阳学说一样，大中有小，小中有大。我们希望中国的景观设计师可以踏踏实实地从“小景观”做起，可以淡定地认真解决诸多小问题，将每一块砖砌好，然后合力，形成中国的“大”景观。

房木生

现任房木生景观设计（北京）有限公司（Farmerson Architects）设计总监

中科院建筑设计院景观所所长

景观小品

景观小品是整体景观的点睛之笔，一般体量较小、色彩简单，对整体起点缀作用。它与其他的艺术形式相比，更加注重公共的交流、互动，注意“社会精神”的体现。所以，小品常常能够成为环境中独特的、引人神注的一个情感节点。

设施景观

设施景观既是建筑与空间的必要补充，又是外部环境的重要组成部分。在一定程度上是社会经济、文化的载体和映射。它不但为整体景观赋予活力，提供进行户外活动的可能性，还能增强景观的可识别性，塑造景观环境的个性特点。

铺装景观

铺装设计具有很强的艺术性，铺装是指在景观设计中运用自然或人工的铺地材料，按照一定的方式铺设于地面形成的地表形式。铺装作为景观构成的一个要素，其表现形式受到总体设计的影响，根据环境的不同，铺装表现出的风格各异，从而造就了变化丰富、形式多样的铺装景观。

植物景观

植物设计，在整体环境景观构建上有着极其重要的地位。曾有位国外的设计师说过“植物是天赋予的素材，也是神的恩惠。”植物的大小、形态、结构、质地和色彩、生长速度都是随季节的变化而变化的，但我们可以将花、果实、气味、自然姿态和美丽的造型等作为设计要素加以利用，创造出美好的景观。

目录

景观小品

万科东荟城 · 会所及园区雕塑 010~011

苏河1号 · 展示区雕塑 012~015

华侨城欢乐海岸 · 广场“树状”雕塑 016~021

南非House Tsi · 庭院雕塑 022~025

台东小野柳游客中心 · 灯光雕塑地景 026~029

D. Pedro IV广场 · 灯饰景观 030~033

成吉思汗广场 · 雕塑景观 034~037

Duecentosessanta MQ · 木柱景观 038~039

Dunkin Donuts广场 · 不锈钢雕塑 040~043

海洋郡图书馆入口广场 · 灯笼雕塑 044~051

西北公园 · 灯饰景观 052~059

设施景观

Landscape Fence · 泳池围栏 062~067

南非House Tat · 庭院泳池 068~073

南非The Constantia Kloof · 庭院泳池 074~077

大一山庄 · 庭院泳池 078~083

潜水者的玻璃屋 · 围墙 084~097

YRIZAR宫廷花园 · 围墙 098~103

Farrar Pond住宅 · 雕塑围栏 104~109

Spanish Walk社区 · 休闲座椅 110~119

GSA 昆西庭院 · “树丛”设施 120~125

灵山元一丽星温泉度假酒店·温泉景观 126~139
Pirrama公园·滨海漫步大道 140~149
悉尼达令港·儿童游乐场 150~155
Schulberg雕塑游乐场·攀爬网 156~159
新加坡滨海湾花园·空中花园 160~167
徐霞客旅游博览园·茶室景观 168~171
巴黎数码小站·公建设施 172~175
SEB银行办公区·“前庭”设施 176~181
联邦广场·城市胶带 182~187
Genk C–M!ne广场·特色座椅 188~195
江苏睢宁县徐宁路·流云水袖桥 196~201
哈尔滨雨阳公园·步道桥 202~207
群力国家城市湿地公园·木栈道 208~217
香格里拉植物园·五大展区 218~221
鲍威尔街人行道·栏杆与长椅 222~229
黄土园·陶泥塑 230~237
利马桥镇公园·临时景观设施 238~243

铺装景观

Private Residence·庭院铺装 246~249
千岛湖翡翠岛·内院通道 250~253
华润重庆二十四城·入口广场铺装 254~259
717 bourke street·铺装景观 260~263
Downtown Jebel Ali·广场铺装 264~269
迈阿密杰克逊南方医院·公园铺装 270~271
特拉福德码头散步区·走廊台阶 272~275
塞维利亚音乐公园·铺装景观 276~279

Ponte de Lima花园 · 黑色裂缝 280~281
Bohus Archipel · 花园铺装 282~285

植物景观

朗诗美丽洲 · 会所植物 288~291
Spanish Walk社区 · 绿道植物 292~297
费尔蒙特斯克兹代尔公主酒店 · 庭院植物 298~305
新加坡滨海湾花园 · 温室植物 306~311
Lafayette花园 · 广场植物 312~315
Sunnylands 中心花园 · 室外植物 316~321

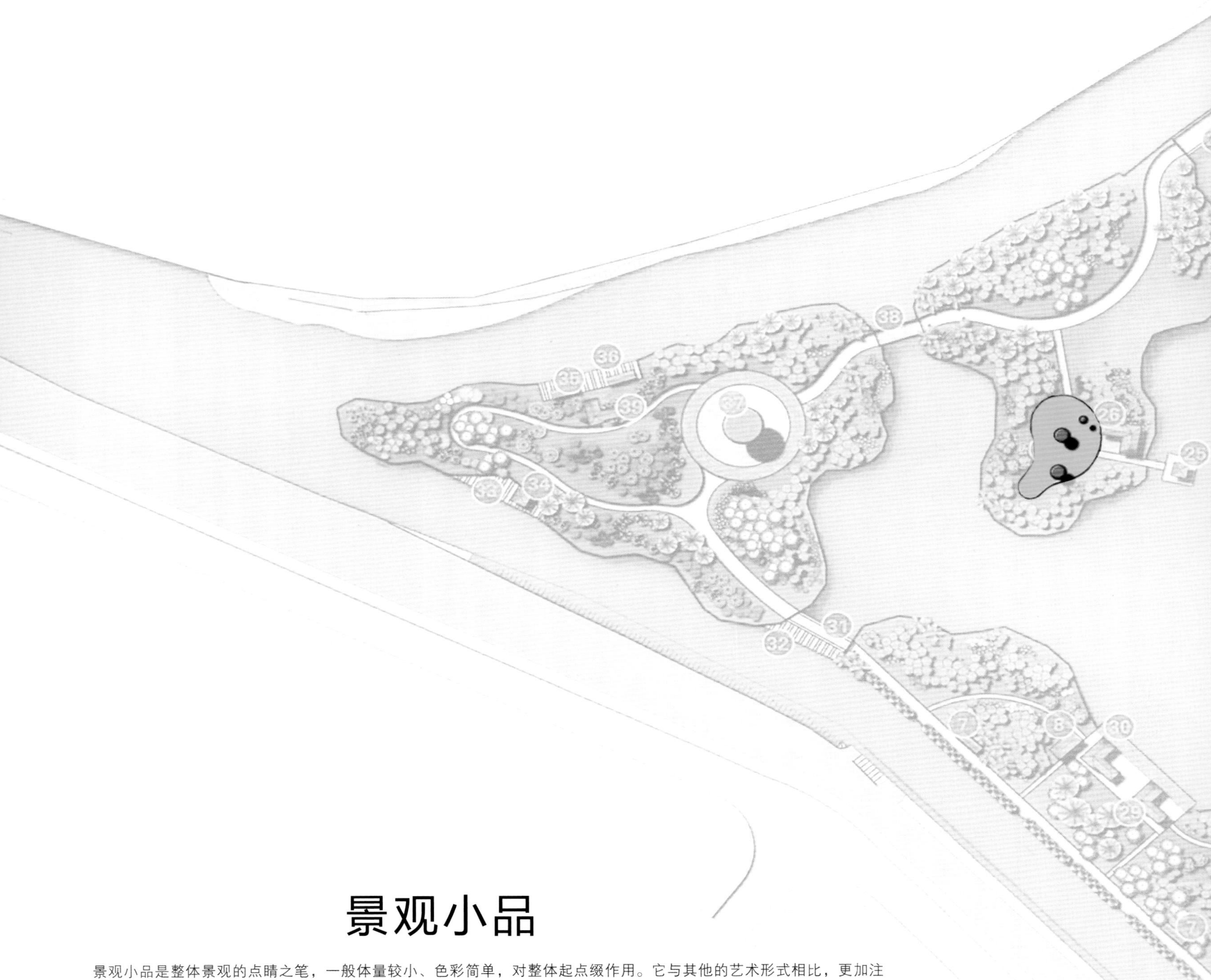

景观小品

景观小品是整体景观的点睛之笔，一般体量较小、色彩简单，对整体起点缀作用。它与其他的艺术形式相比，更加注重公共的交流、互动，注意“社会精神”的体现。所以，小品常常能够成为环境中独特的、引人神注的一个情感节点。

优秀的景观小品是该地人文历史、民风民情以及发展轨迹的反映。它们会吸取当地的艺术语言，采用当地的材料和工艺制作，产生具有一定程度的本土意识的环境艺术符号。例如：南非House Tsi的庭院雕塑在现代风格的设计基础之上，加入南非开采矿石、钻石元素，以及开采洞里的铁栏石墙、钢铁结构的护栏等工业元素，展现出南非居民的生活特点；台东小野柳游客中心的灯光雕塑地景，将台东海岸线特有的元素，如飞鱼群、海豚、旗鱼、曼波鱼、鲸鱼及原住民渔舟等转化为灯具设计元素，营造出蕴含台东小野柳人文地理特色的小景观；妙香素食馆入口景观中纸伞的“红”与墙面的“黄”体现了中国古老的色彩文化，结合字画、盆景、瓷器、古玩等中国传统元素，展现“禅”文化的超然与雅致。

整体景观的效果是通过大量的细部艺术来体现。正是起点睛之笔的景观小品成为让整体生动起来的关键因素。它们提高了整体景观的艺术品质，改善了环境的景观形象，给人带来美的享受。

22
17
18
20
19
16
8
14
15
13
12
5
4
11
3

万科东荟城·会所及园区雕塑

“新中式”概念设计

开 发 商：广州市万怡房地产有限公司
项目类型：住宅
项目地点：广州
设计单位：广州市尚洋美术设计有限公司
设 计 师：黄剑聪、刘付铭剑、高蕾、黄剑艇
采　　编：谢雪婷、张文博

整体景观设计概括：新中式风格

东荟城在景观设计中着重营造一种中式古韵之美。项目规划有60 000平方米的东方园林，规模堪比广州文化公园，三重庭院景观设计，使业主尽享移步易景的视觉胜景。其规划理念不在于旧元素的堆砌，而是通过对传统文化的认知，将现代元素和传统元素结合在一起，从传统元素中取材，结合“少即是多”的现代设计理念，务求营造出一个充满传统韵味的人居景观空间。

会所雕塑景观的设计手法和特点：“新中式”概念设计

项目秉承“中庸之道”，在园林配饰的设计中严格遵循中式美学原则，采取低调雅致的设计，实现外内合一的景观效果。景观小品独立放置于园区中，成为区域中的亮点，与周边环境形成完整的景观。

会所门前的金刚鹦鹉，托物言志，寓意展翅高飞，人生多姿多彩。传统的意象配以现代感的材质，传达出“新中式”的概念。

雕刻结合中式格窗，透明结构占据主体的大部分，呈现清透又朴实之感。此处的设计考虑到与周边环境良好的相容性，将设计最简化，适于放置在园区中任何需要照明的区域。

东荟城

幸福街市

苏河1号 · 展示区雕塑

现代工业元素符号

开 发 商：上海丹林房地产开发有限公司
项目类型：城市综合体
项目地点：上海
设计单位：加拿大L&K园境规划设计（中国）机构、丽境筑道景观设计（上海）有限公司
设 计 师：陈弓、刘勇、曲玲
采　　编：盛随兵

01 入口水景
02 休闲平台
03 下沉广场
04 室外茶座
05 特色水景
06 小品雕塑
07 地面彩带
08 咖啡茶座
09 层级跌水
10 楼梯
11 钻石树
12 滨河木平台
13 闲情小筑
14 车库入口
15 竹影婆娑
16 地下车库入口
17 广告灯箱
18 树荫通道
19 屋顶花园
20 观景台
21 屋顶花园
22 钻石雕塑标志
23 小品
24 条形码绿化
25 车行入口
26 人行主入口

整体景观设计概括：简约时尚

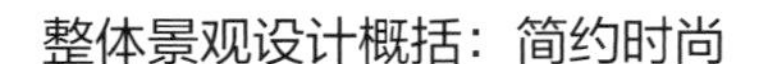

苏河1号位于上海闸北区不夜城商务板块，属于内环线内黄金地段，是闸北，静安，普陀三区交汇的地方。规划建成集酒店、写字楼、景观、购物、国际标准会务中、LOFT办公多种业态，融商务、商业、休闲、景观多种资源于一体的城市综合体。

项目在景观设计中，以简约、时尚为原则，通过对五个功能区的景观设计，如东面沿恒丰路的形象展示区、建筑围合成的商业休闲区、沿苏州河的中心景观区、屋顶花园区、北面和南面的交通功能区，使项目的整体景观环境既有独特个性，同时又风格统一。

雕塑景观的设计手法和特点：现代工业元素符号

在五个功能区的景观设计中，东面沿恒丰路的形象展示区作为项目的核心景观区域，其标志性的条形码和钻石雕塑成为项目景观的最大亮点。通过设置高大的指示物成为视觉焦点，使项目与城市空间相融合，增加亲和力和开放度。

作为兼具多种商务功能的苏河1号，首先从项目主要业态入手寻找景观定位，以代表数字和商业时代的文化符号的条形码和代表华丽、多面、璀璨的永恒符号的钻石作为设计主题，将这两个元素交织在一起，并把这些元素符号概念化，搭配现代工业感的设计，营造出另类的高档空间和细腻的质感空间。

Rock & Roll
ARMANI
BANK

苏河1号

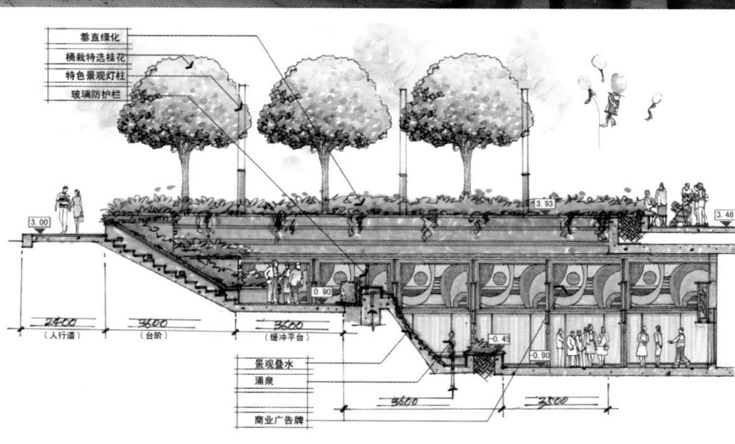
垂直绿化
桶栽特选桂花
特色景观灯柱
玻璃防护栏
3.00
0.90
2400
（人行道）
3600
（台阶）
3600
（缓冲平台）
景观叠水
涌泉
商业广告牌
3600
3500

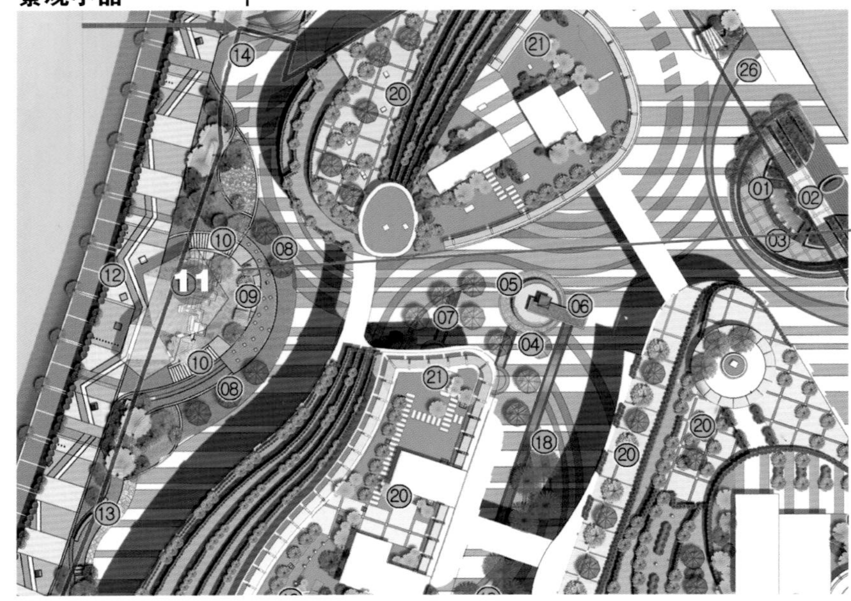
14
21
26
20
01
02
03
10
08
12
11
09
05
06
07
04
10
08
21
18
20
20
13
20

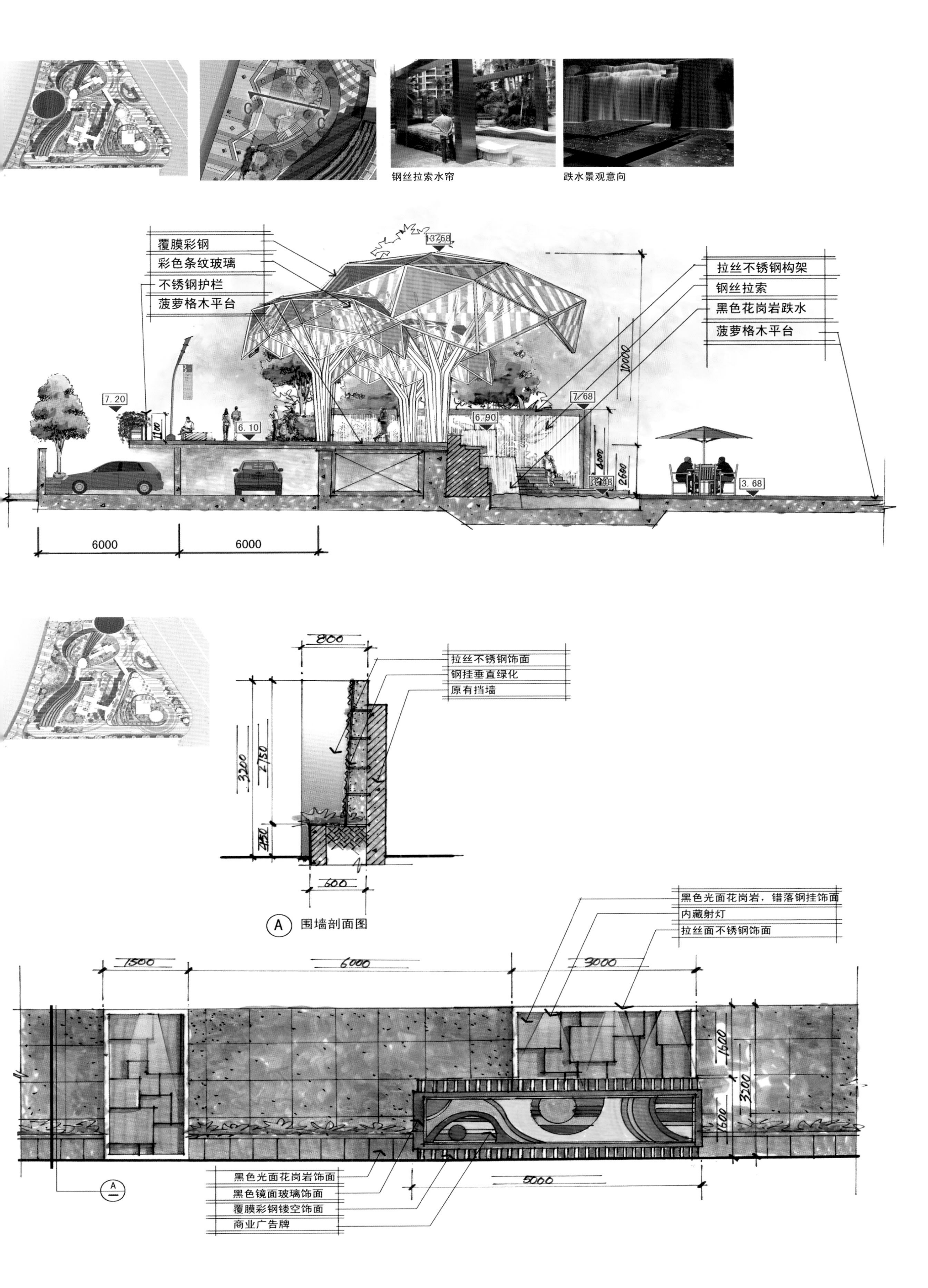
钢丝拉索水帘
跌水景观意向
覆膜彩钢
彩色条纹玻璃
不锈钢护栏
菠萝格木平台
拉丝不锈钢构架
钢丝拉索
黑色花岗岩跌水
菠萝格木平台
13.68
7.20
6.10
6.90
7.68
3.48
3.68
10000
4000
2600
6000
6000
800
拉丝不锈钢饰面
钢挂垂直绿化
原有挡墙
3200
2750
250
600
A
围墙剖面图
黑色光面花岗岩，错落钢挂饰面
内藏射灯
拉丝面不锈钢饰面
1500
6000
3000
1600
3200
1600
5000
黑色光面花岗岩饰面
黑色镜面玻璃饰面
覆膜彩钢镂空饰面
商业广告牌

华侨城欢乐海岸·广场“树状”雕塑

热带植物外形

开 发 商：深圳华侨城都市娱乐投资公司
项目类型：综合体
项目地点：深圳
设计单位：美国SWA集团
设 计 师：David Thompson
采　　编：盛随兵

整体景观设计概括：突出海洋文化特色

华侨城欢乐海岸位于深圳华侨城主题公园群与滨海大道之间，是深圳市致力打造的高品质人文旅游、国际创意生活空间的中心。

欢乐海岸总占地面积125万平方米，由欢乐海岸购物中心、曲水湾、椰林沙滩、度假公寓、华侨城湿地公园五大区域构成，以心湖水系连为一体。项目以海洋文化为主题，以生态环保为理念，旨在创造城市公共开放空间以及海滨旅游度假胜地。

广场“红树”的设计手法和特点：热带植物外形

广场上设有特色景观小品，以“生命盎然的红树林”为创意元素，以“自然生长的植物”为设计理念，并将红色涂于表层，犹如鲜活的热带树木，使之成为欢乐海岸最具代表性的景观之一。其自然、灵动的树状结构与周边建筑与景观融为一体，使其设计效果显得更加栩栩如生。

南非House Tsi · 庭院雕塑

“工业元素”主题创作

项目类型：别墅

项目地点：南非

设计单位：Nico van der Meulen Architects

设 计 师：Nico van der Meulen

采 编：谢雪婷

整体景观设计概括：现代风格

本案的景观设计在充分尊重业主生活方式的前提下，为其提供个性化的景观视觉。整体景观设计采取现代风格，通过运用线条和边界延伸，使别墅内部和外部的景观产生自然过渡，从而形成一个完美的共生关系。

整体景观特点无不体现南非当地的传承，一条静静的水源，从屋内游泳池流向屋外喷泉，流入一个宽大的水池喷泉，阶梯式的流水方式，延续了大草原的生生不息的精神。另外在植物的配置上，选用了南非当地的热带植物围绕水景，如热带芦苇草、南非角芦荟等。

庭院雕塑景观的设计手法和特点：“工业元素”主题创作

本案因其独特的地理区位环境，设计师在其庭院小品的设计中巧妙地融入当地元素，展现出南非居民的生活特点。

在现代风格的设计基础之上，加入了很多南非开采矿石、钻石的元素，以及开采洞里的铁栏石墙、钢铁结构的护栏等工业元素。

台东小野柳游客中心·灯光雕塑地景

效仿海豚与海浪设计

开 发 商：台东县的小野柳游客中心
项目类型：公园
项目地点：台湾
设计单位：竹工凡木设计研究室
设 计 师：邵唯晏
采　　编：谢雪婷

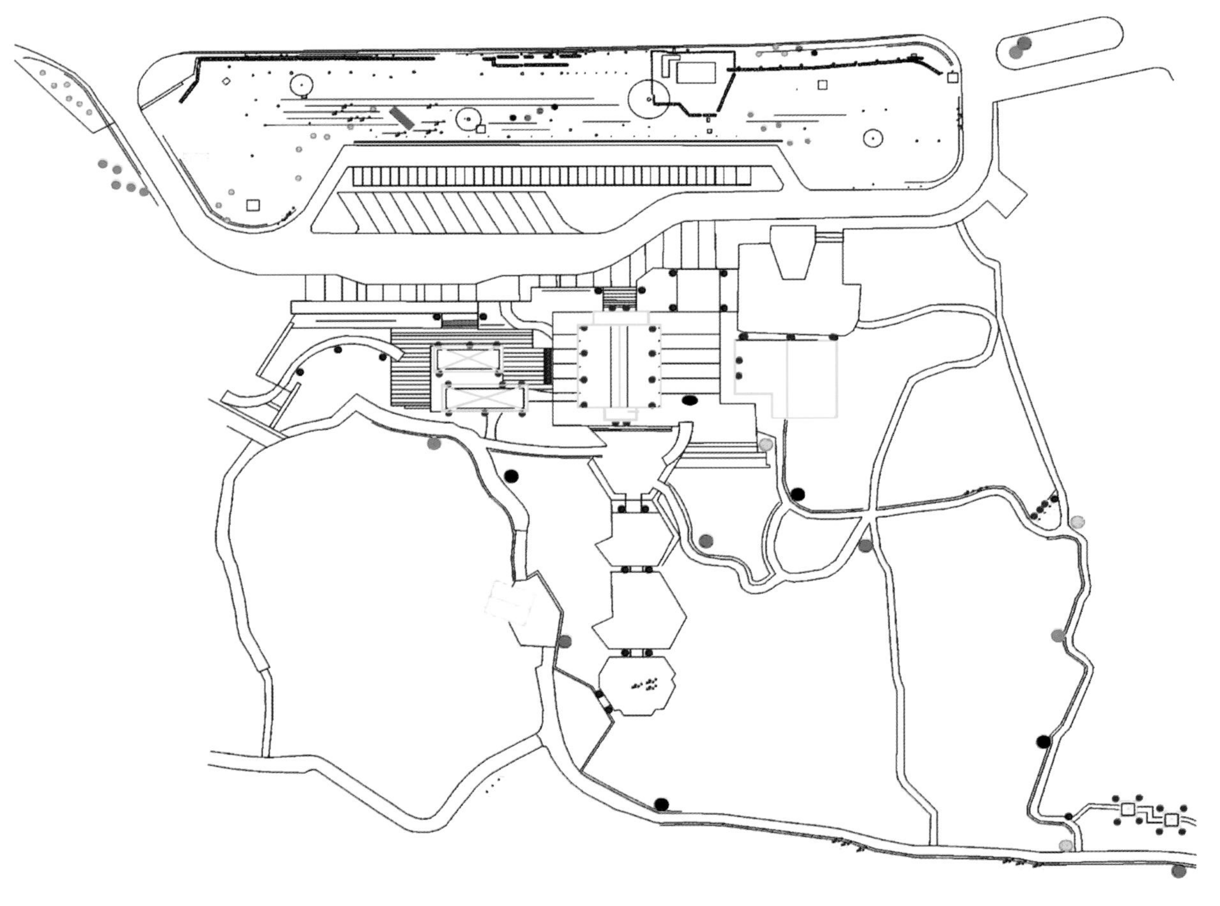

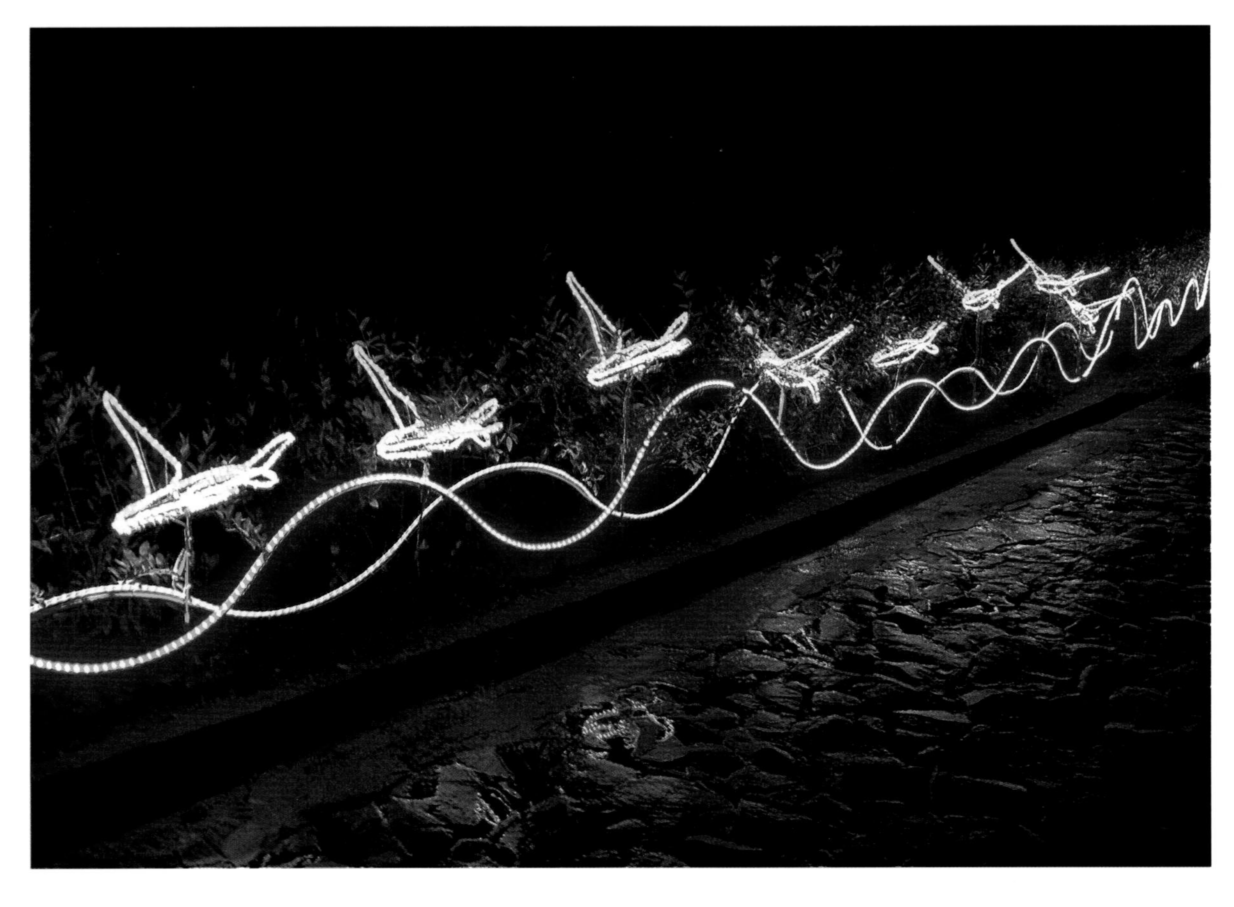

整体景观设计概括：原生态宝岛风情

小野柳位于台东重镇花莲，在富冈渔港码头的北边，是砂岩与珊瑚礁交织的地貌，岩石奇观，与台北的野柳颇为相似，故名小野柳。基地位于台东县的小野柳游客中心，园区内包含建筑群、广场、绿地、停车场、露营区、步道及可亲近的岩岸。

灯光雕塑地景的设计手法和特点：效仿海豚与海浪设计

设计策略上创造一系列主题性的灯光雕塑地景，除了机能上的照明外，同时融入台东小野柳特定的人文地理景观。并用点线面的方式配置在园区内，有效为园区增添教育性及艺术性。白天园区为富含主题教育意义，以不锈钢管所组构出的地景雕塑公园，夜晚则转换为灯光雕塑地景公园。灯光雕塑地景的植入，为园区创造白天与夜晚截然不同的主题感受。

地景灯具分为三种类型，第一为主题灯具：将台东海岸线特有的元素，如飞鱼群、海豚、旗鱼、曼波鱼、鲸鱼及原住民渔舟等转化为灯具设计元素。第二种灯则是配置在既有的建筑群上，透过火把及营火的意象来强化建筑本身的线条，同时增添海岸夏日风情的意象。第三种灯为效仿海浪波动方式的指引地景灯具，将游客从园区外导引到海边，同时定义园区地界之轮廓。

所有灯具都采用溢光值高的环保省电LED灯。另外，在高度的设定上，都以不造成光害的低矮高度来处理灯具的设计及配置，除满足园区照明不足的机能外，同时给予游客一个低光害的自然环境。

蒞臨指導
臺東縣蘭嶼鄉公所

D. Pedro IV广场 · 灯饰景观

环保型“冰树”

开 发 商：Camara Municipal de Lisboa (cm-lisboa.pt)、MUDE - Museu do Design e da Moda(mude.pt)

项目类型：广场

项目地点：葡萄牙里斯本

设计单位：LIKEarchitects

设 计 师：Diogo Aguiar、Teresa Otto

采 编：吴孟馨

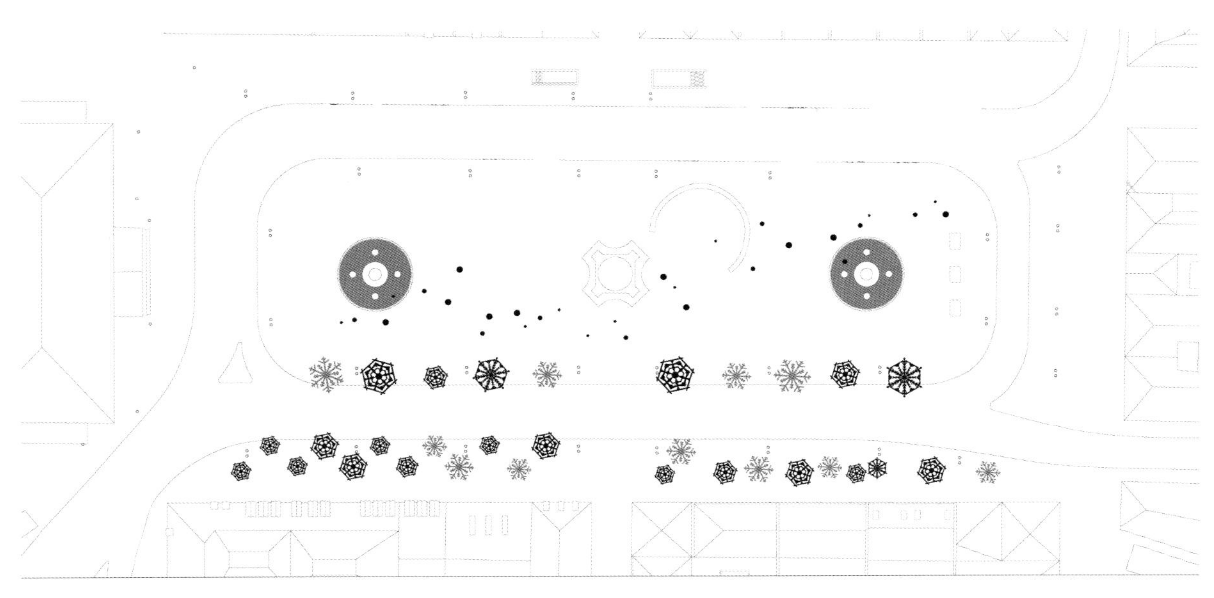

整体景观设计概括：创意节约型主题

里斯本市政厅为响应“环保节约”的世界性主题，在D. Pedro IV广场采取一种创意型、节约型的圣诞庆祝方式。由艺术家和建筑设计师共同创造的轻型灯饰雕塑，以一种特别的方式来传播节日的快乐。

广场共包含30棵树形街灯，分布在入口处。因为“冰树”，为广场增添了一番独特的白色树丛景观气象。

灯饰景观的设计手法和特点：环保型“冰树”

该灯饰为广场的圣诞节临时摆设，因为形如冬日霜冻的树木，所以有“冰树”之称。这30棵“冰树”都是3.6米高，外部被加工出许多孔洞，在白天和夜晚，“冰树”呈现出让人讶异的“阴影”和“发光”。

“冰树”有很强的环保性能。其材料采用的是具有透光性的可循环利用的聚丙烯塑料。内部照明系统的基本构成是白色单色LED灯系统，具有电压低、耗电少、亮度可调节的特点。

整片树丛景观所需电量由一个车用蓄电池提供，保证了整个节日期间的供电稳定性。其安装和拆卸不会对周围环境产生任何影响。这是标准的使用成本低，同时也能创造出一个独特效果的艺术景观。

EURICO

成吉思汗广场·雕塑景观

动物纹装饰

开 发 商：鄂尔多斯市康巴什新区政府
项目类型：公园
项目地点：鄂尔多斯市
设计单位：北京北林地景园林规划设计院有限责任公司
设 计 师：孔宪琨、赵锋、池潇淼、黄麟钧等
采　　编：张培华

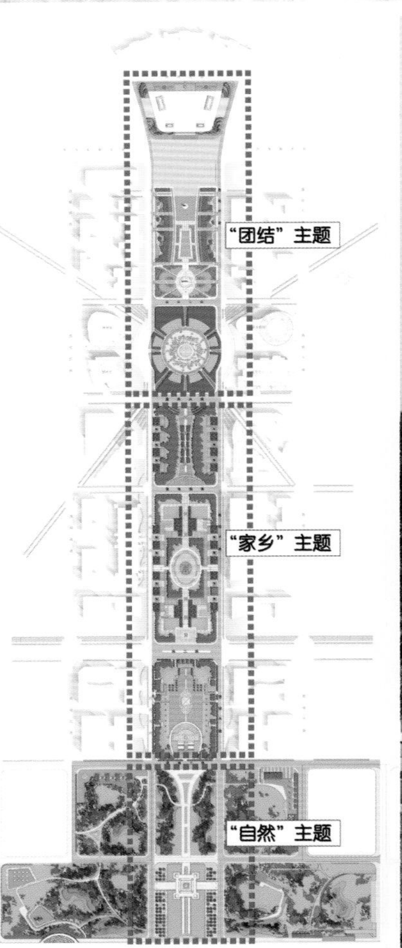

整体景观设计概括："地毯式"轴线景观

成吉思汗广场占地面积31.8万平方米，位于鄂尔多斯康巴什新区。由北向南延展，总长2.7千米，宽约200米，两侧主要是商业、办公、文化等用地。项目以地毯为总体景观设计概念，并由北至南设计出"团结"、"家乡"、"自然"三个景观主题，契合了"草原上升起不落的太阳"这一城市设计总体理念。广场上的汉白玉灯柱、花岗岩长凳、中心跌水池，既表现了草原景观的浩瀚大气，也强调了蒙古民族的文化特色。

雕塑景观的设计手法和特点：动物纹装饰

位于成吉思汗广场轴线最南端，即"自然"主题区域的亚洲雕塑艺术主题公园为项目的核心景观。该处景观以鄂尔多斯青铜器雕塑为依托，以倡议釜为核心，轴线两侧摆放了36件鄂尔多斯青铜雕塑，再向外是亚洲23个国家的雕塑名家选送的参展作品。

公园雕塑数量较多，雕塑风格各异，以动物纹装饰为特征。因此，在景观设计中利用广场、地形和植被，设计了密林环抱、开阔草坪、铺装广场、平静水面、缓坡台地等多类适合雕塑展示的空间。这些大小、形态各异的空间，可以摆放不同类型的雕塑作品。通过树木围合出雕塑的欣赏空间，人们沿着园路行走的时候，看到的是一个个单独的雕塑空间。

Duecentosessanta MQ · 木柱景观

移动式布局

项目类型：公园
项目地点：意大利
设 计 师：Simone Bossi
摄　　影：Simone Bossi
采　　编：吴孟馨

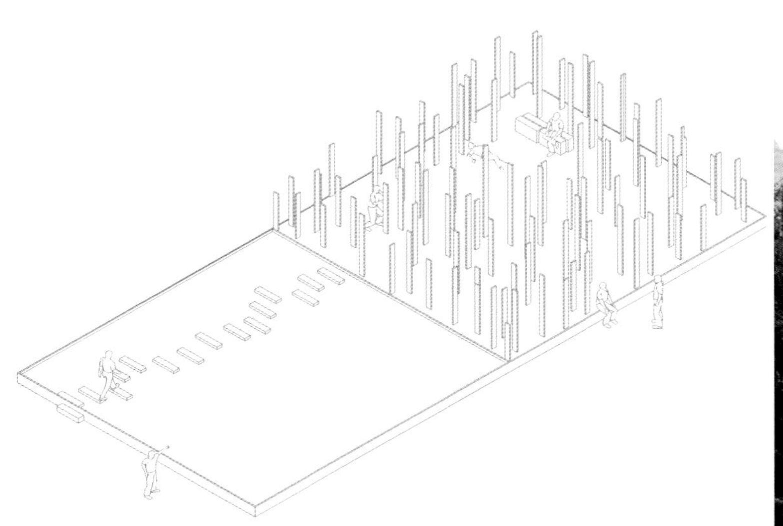

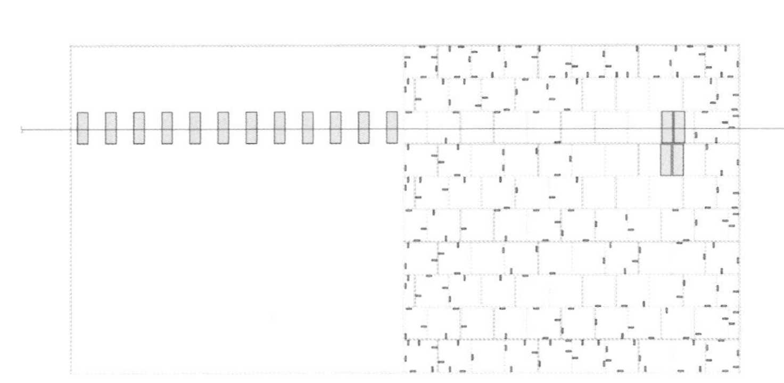

整体景观设计概括：自然元素的互动

在邻近意大利北部特兰托城的小镇上，一个临湖的私人公园当中有一个荒废的网球场Duecentosessanta MQ。在为改变环境质量而举行的一次国际艺术竞赛中，设计师simone bossi将废弃的网球场焕然一新：以周边特定环境为依托，强调自然元素——光、水、石、木互动的重要性。该场地可以用来举办活动或者作为音乐会的布景，被赋予了新的艺术价值。

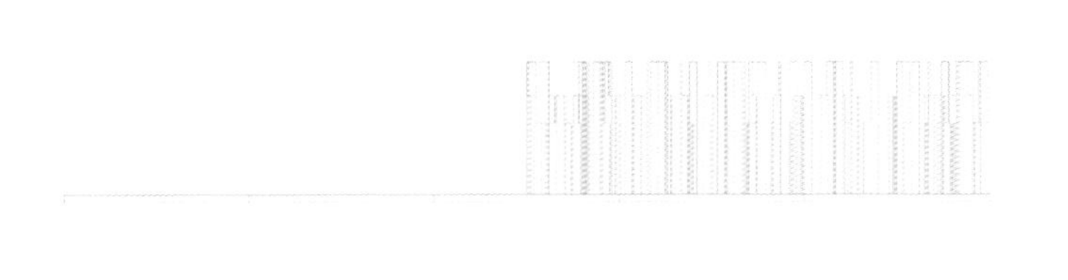

木柱景观的设计手法和特点：移动式布局

木板由当地的松树制成，被运用在正中的结构当中。人们可以方便地将结构移动，更改布局，开发使用新的空间。人们可以穿过木板，坐在石质板上小憩或思考，连同蓝天一起倒映在黑色的镜面水池中，别有一番意境。

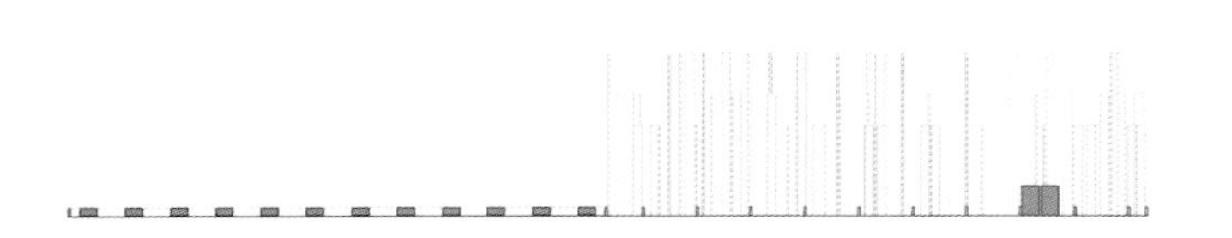

项目所用材料都是就地取材，并且把自然要素转变为带有人工色彩的元素：松树变成简单的木板；石块和碎石则变成长形的石片；暗湖则变成一面池水。所有的自然效果都会在一天中有所变化，甚至发生季节性变化，这代表着所选元素之间产生某些关系：变换的光影、水面的倒影等。

Dunkin Donuts广场 · 不锈钢雕塑

半圆弧形设计

业　　主：罗得岛州艺术委员会
项目类型：公园
项目地点：美国
设计单位：mikyoung kim design
材　　料：LED、激光切割不锈钢、混凝土、泥土、草皮
采　　编：张雅林

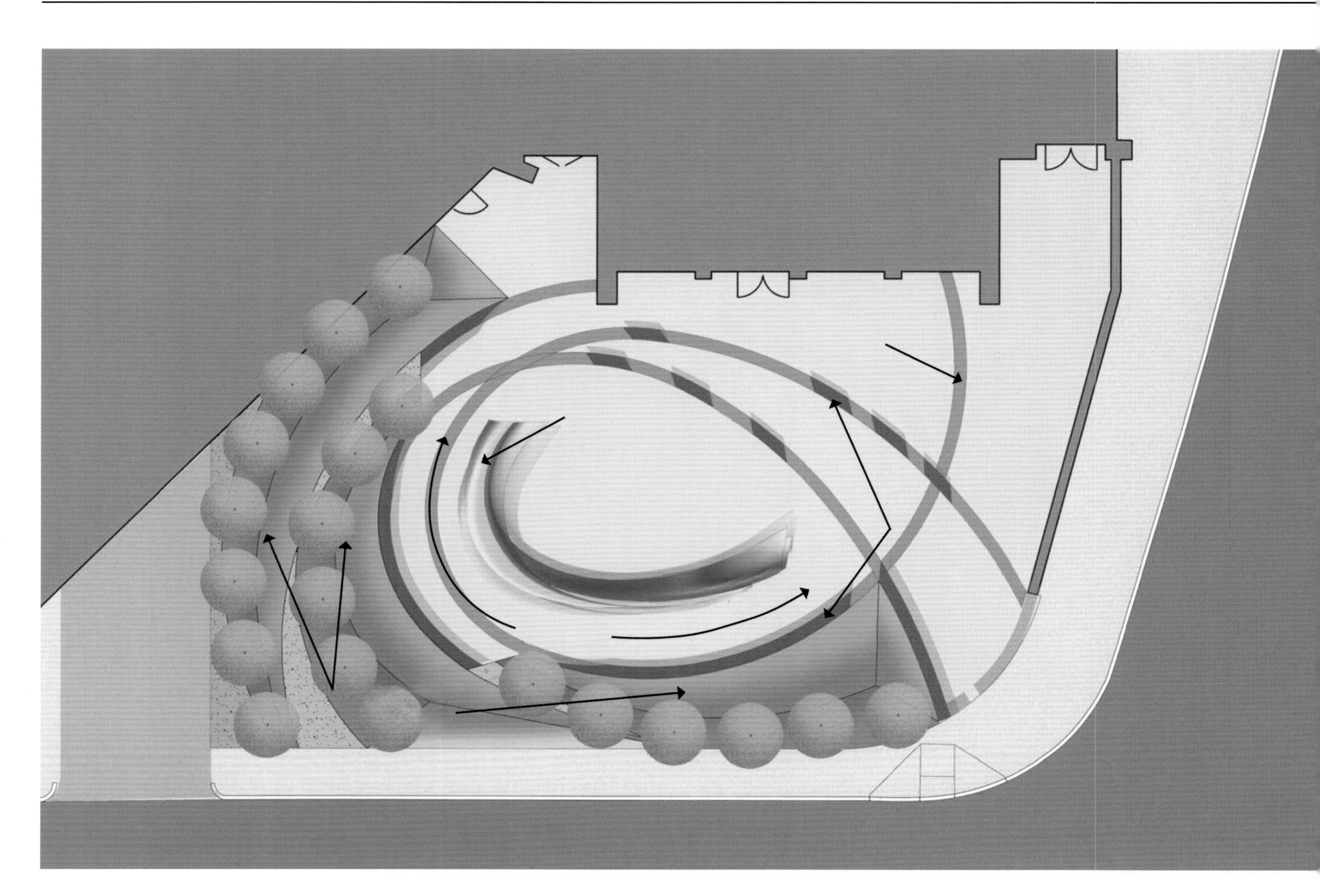

整体景观设计概括：极具流动感和光影变幻的艺术环境

本案的设计理念起源于在暗夜中，天际一道金色曙光划破黑幕的场景，将阳光的元素融入空间当中。通过结合地形，并利用铺装、定制座椅还有不锈钢雕塑等元素，营造出充满流动感和光影变幻的景观环境。

园区小径为人们提供了观赏中央雕塑的新视角。人们可以从设有定制座椅的私密园区空间，以全新视角重新审视那些艺术元素。园区小径比街道地面高出约0.6米，高度下降缓慢，给人一种起伏的体验感。铺装设计和雕塑在视觉上将园区和街道连为一体。起伏的地形和植物配置将园区与周围环境区分开来，同时有助于人们流畅地理解整个设计思路。园区、雕塑还有光电效果，是人们举行户外聚会的首选。

雕塑景观的设计手法和特点：半圆弧形设计

雕塑蜿蜒摆放于园中，形成了行人移动的轨迹，同时也划分出适宜静思或人群聚会的空间。雕塑表面洞口较小，可防止手指被卡，同时彩色灯光可以通过穿孔表皮透出来。白天雕塑底部的金色调将会慢慢变成橙色，然后在夜间慢慢变成蓝色。灯光的色彩还会在同种色系中产生细微的变化。

雕塑采用三层3/16英寸厚的不锈钢板制成，板上有激光切割而成的椭圆形的波纹图案。三层结构设计营造出一个微波暗涌的效果，模拟天边曙光初现的情景。激光切割的图案将会随着多层不锈钢板的折叠式表面而起伏。

雕塑由水泥基座和铝合金架支撑，同时由弹夹式锚柱和锁紧夹固定。铝合金架在雕塑内层垂直方向延伸，且其设计极为隐蔽。不锈钢表面的皱褶既可掩盖随后可能产生的各种刮痕，同时使雕塑的稳定性加强，极其耐用。

海洋郡图书馆入口广场·灯笼雕塑

“条形码”状设计

业　　主：海洋郡
项目类型：公共广场
项目地点：美国新泽西州
设计单位：mikyoung kim design
摄　　影：Marc La Rosa
采　　编：张雅林

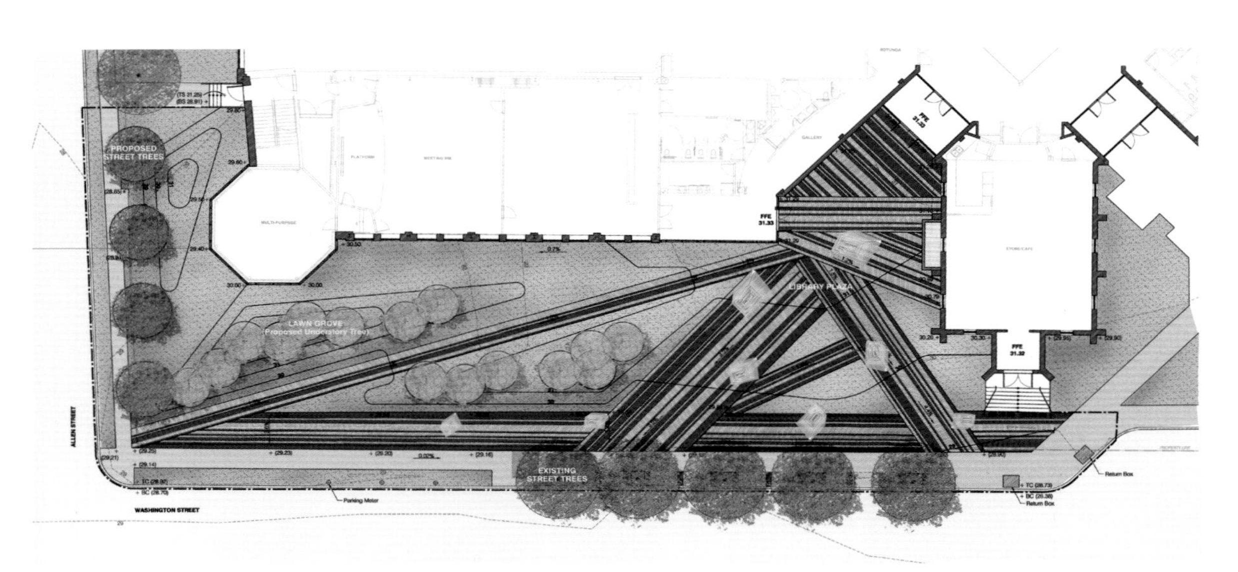

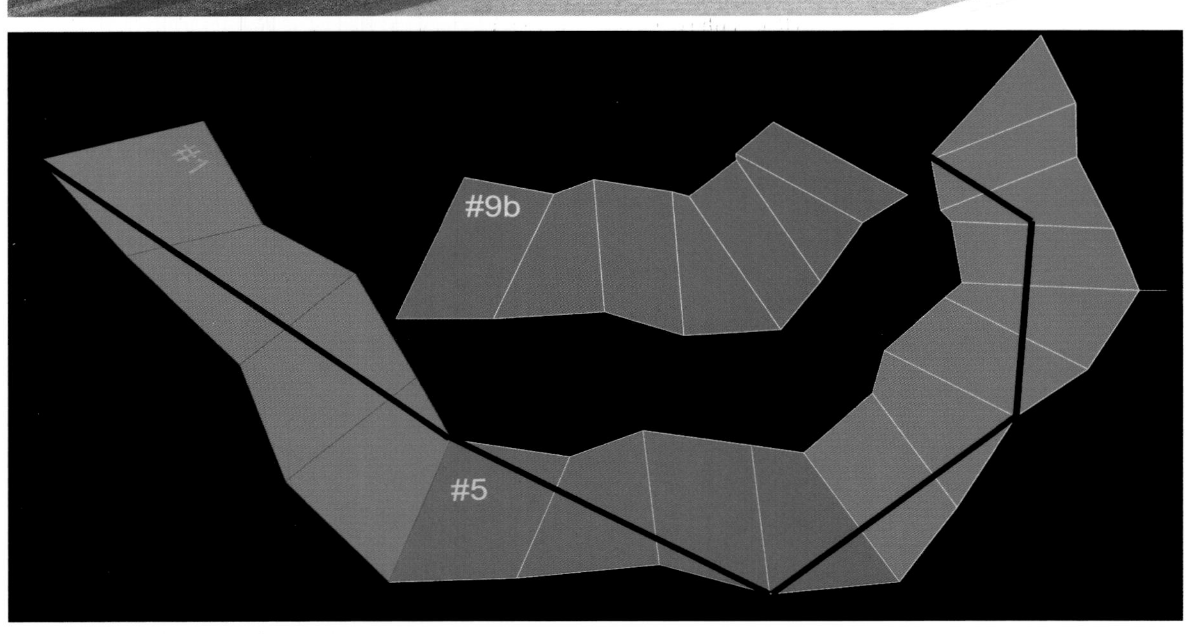

整体景观设计概括：信息时尚化

海洋郡公共图书馆前面的广场位于汤姆斯河社区的中心位置，位于主干道华盛顿街旁，同时也是与现有古老图书馆相连的一部分。动感十足的入口广场将新科技与传递信息功能相结合，把古今连接起来，同时将精心分布的道路以及可移动设施组织起来，反映出图书馆在数码时代的信息化图像。

雕塑景观的设计手法和特点：“条形码”状设计

项目强调信息的传递和路径，因此交错路径的指示性铺装材料强调了图书馆与广场之间的连接。与广场铺装相统一的是特别设计的灯笼雕塑，既在夜间起到了照明作用，同时也起到了将读者引向图书馆的作用，就像灯塔指引参观者走向图书馆的入口一样。

灯笼雕塑采用的材料是激光切割金属、双色玻璃、金属卤化物灯具，包裹在穿孔不锈钢材料和双色丙烯酸塑料材料当中，形状像条形码。一个个发光的“条形码”象征着数据的传输和数码信息网，它们与通路之间的角度在广场当中形成了与人之间的动态空间转换。

Elevation: WASHINGTON STREET

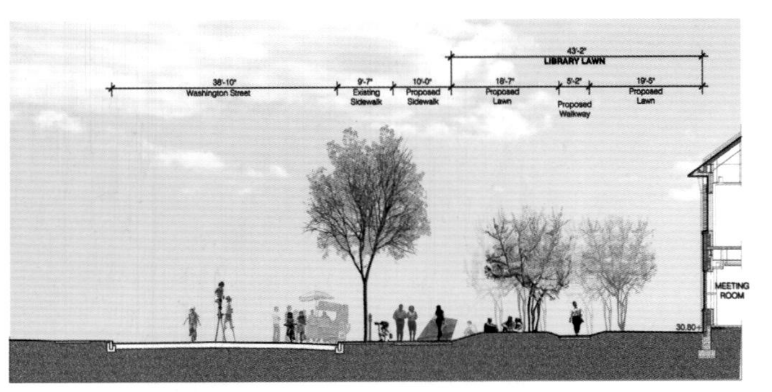

Section A: LIBRARY LAWN

Section B: LIBRARY PLAZA

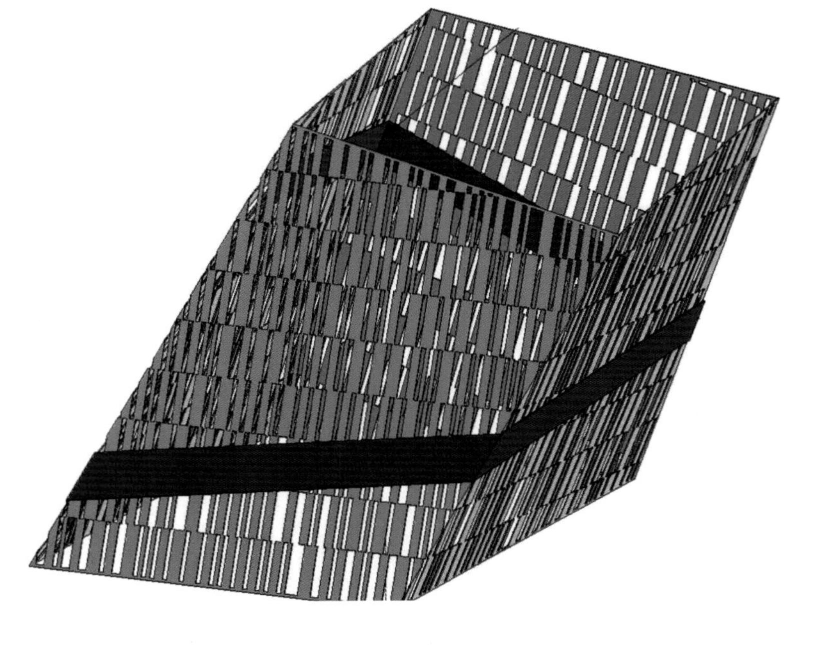

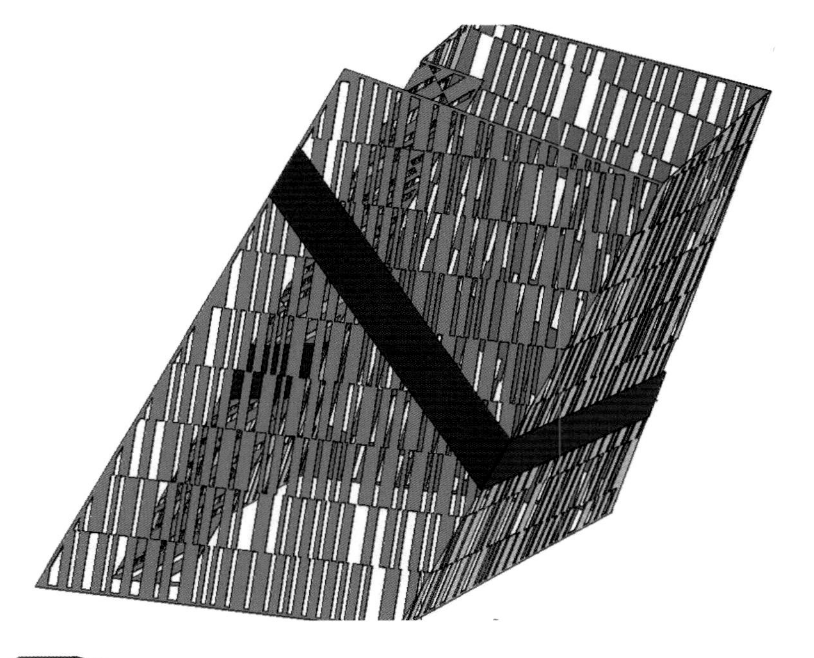

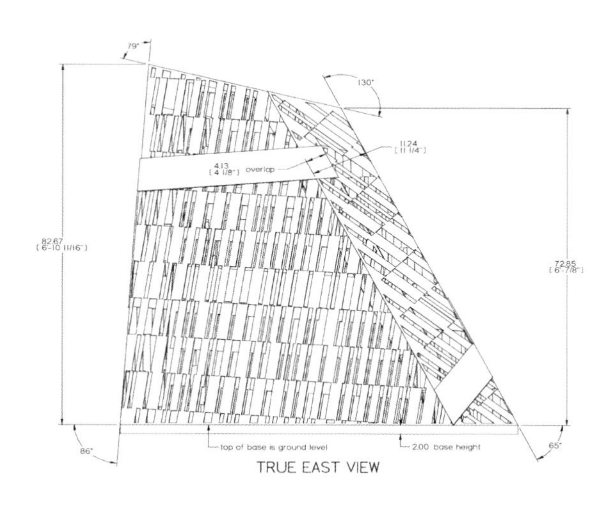
79°
130°
11.24
[11 1/4"]
4.13
[4 1/8"] overlap
82.67
[6'-10 11/16"]
72.85
[6'-7/8"]
86°
top of base is ground level
2.00 base height
65°
TRUE EAST VIEW

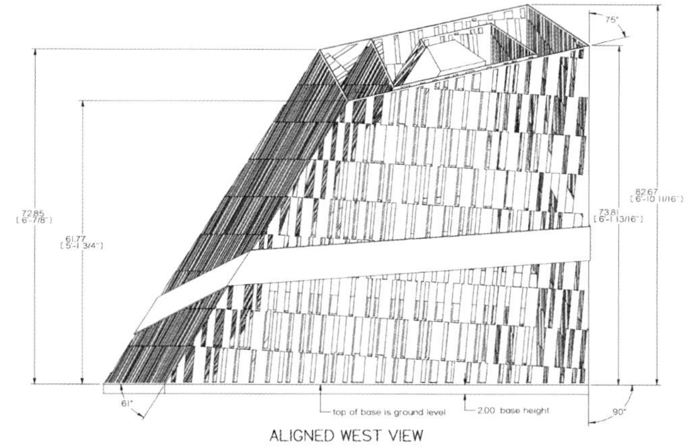
75°
72.85
[6'-7/8"]
61.77
[5'-1 3/4"]
82.67
[6'-10 11/16"]
73.81
[6'-1 13/16"]
61°
top of base is ground level
2.00 base height
90°
ALIGNED WEST VIEW

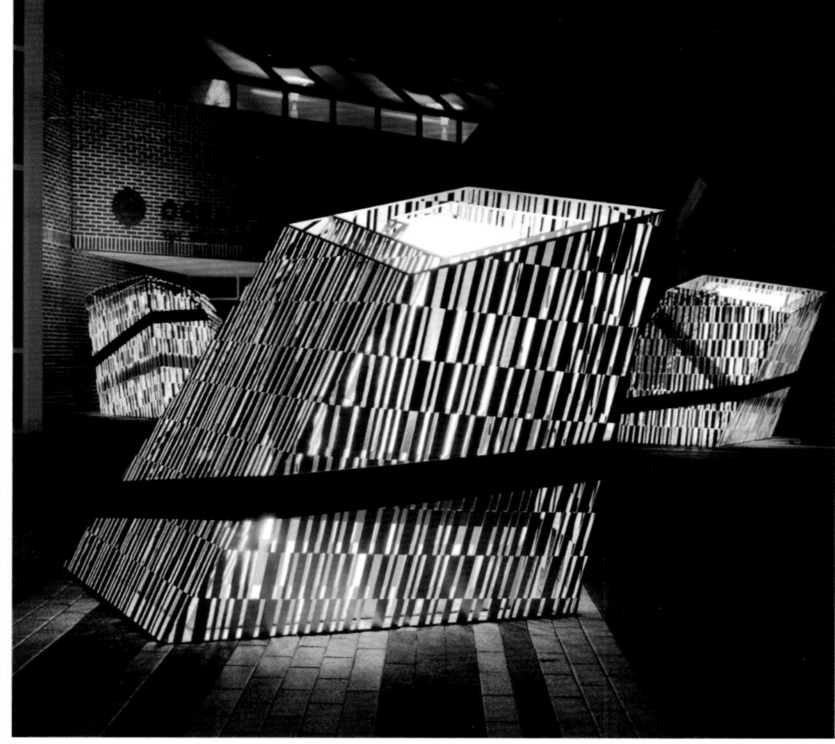

|| barcode luminescence | mikyoung kim | 2008 | ocean county library ||

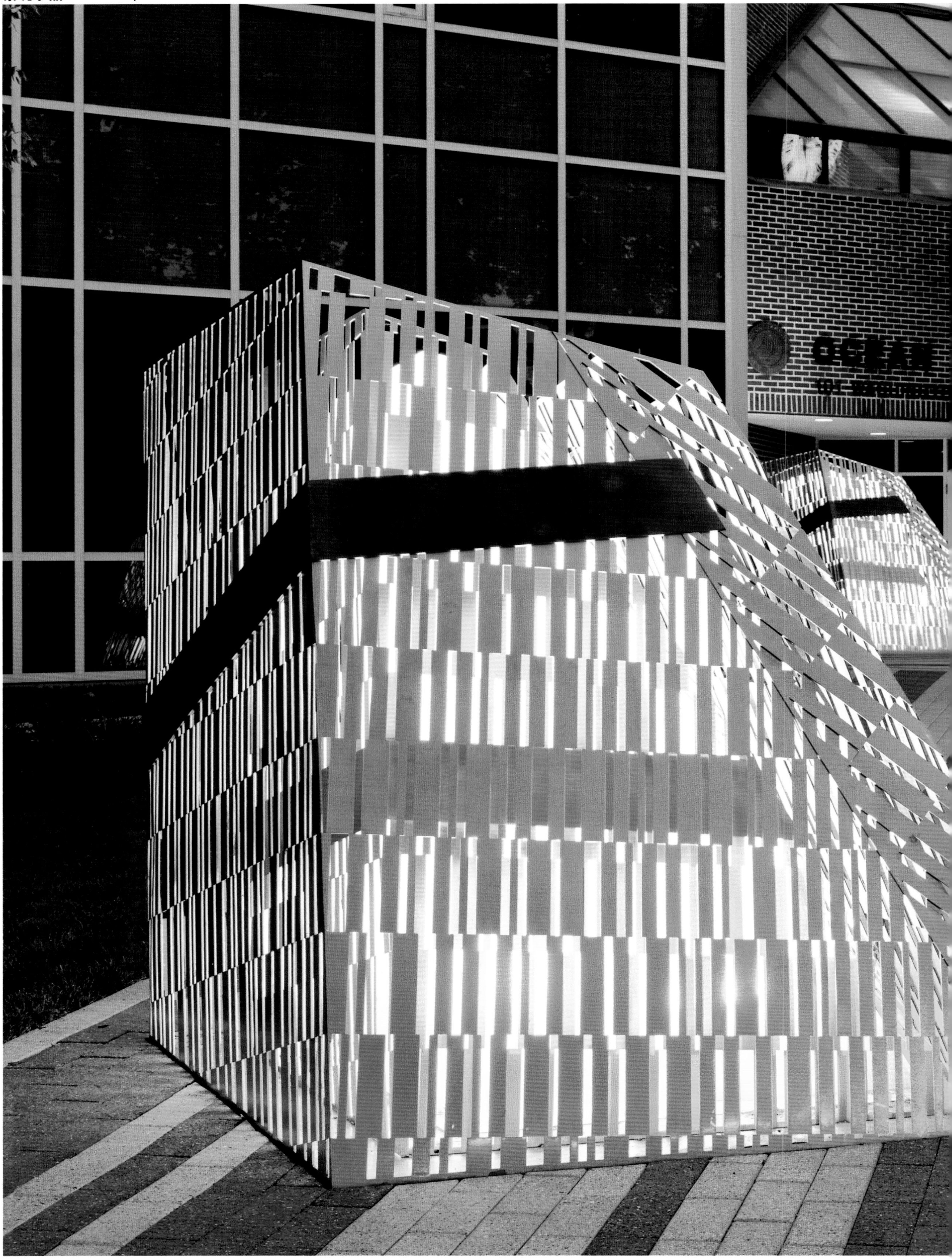

西北公园 · 灯饰景观

色系与形状丰富

业　　主：哥本哈根市政府
项目类型：公园
项目地点：丹麦哥本哈根
设计单位：SLA景观设计事务所
采　　编：罗妍婷

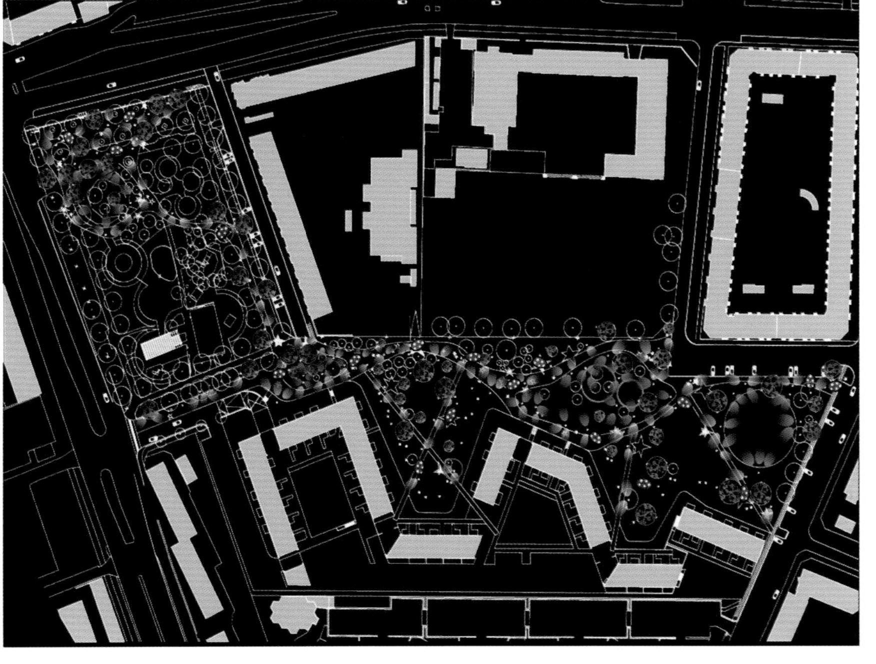

整体景观设计概括：简约四元素

公园主题为“1001棵树”，包含了四类简单的元素：树、走道、灯饰和圆锥形山体。这些元素将公园各个不同的部分有秩序地连接起来，并相互统一。四种元素各自的特点渲染着不同氛围，使得各种年龄层的人都乐于来此聚首。

灯饰景观的设计手法和特点：色系与形状丰富

有“魔法森林”之称的灯柱带和人工照明灯饰装点着公园内的树木。灯柱带的布局蕴含某种建筑逻辑，优雅的设计吸引着人们在其中漫步穿梭。夜间，灯光效果令人惊艳，北侧是冷色系，而南侧是暖色系，树木被映衬得五彩斑斓，有红光、绿光和蓝光等。除了色彩的笼罩，灯光在地面上也投射出不同的图案，有星状、月牙状等，仿佛银河落到了地球上，美轮美奂。

另外，部分活动式灯饰是当游人经过时，灯光会自动亮起，给人带来突然眼亮的惊喜感受，同时也增强了公园在夜间的安全性。

På tur
i nordvest
Her er
og ikke flot
grå!
En mand
på opdagelse
i sit
barndoms kvarter.
Der skal ste regel
som
Nu kan

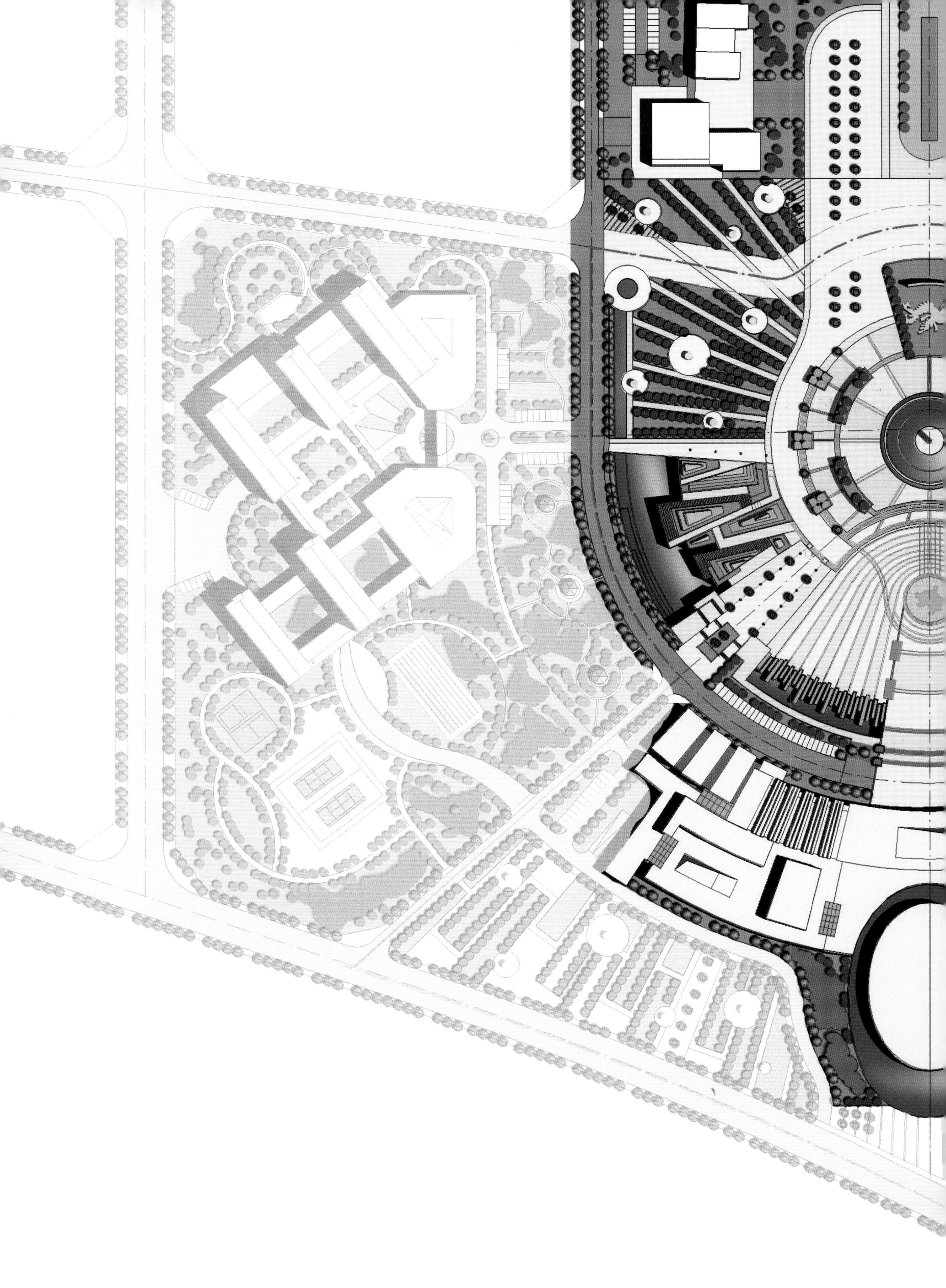

设施景观

设施景观既是建筑与空间的必要补充，又是外部环境的重要组成部分。在一定程度上是社会经济、文化的载体和映射。它不但为整体景观赋予活力，提供进行户外活动的可能性，还能增强景观的可识别性，塑造景观环境的个性特点。

设施景观形式创新多样、造型美观可爱、复合性能好、便于维护。在功能上，为人与环境提供了舒适和便利；在美学意义上，丰富空间形态，提高景观视觉质量。所以设施是集实用与观赏价值于一身的标识景观。例如：巴黎数码小站的“树状”j结构设计新颖、生态,已成为巴黎香榭丽舍大街的一道新鲜元素，同时为人们的生活带来便利性与实效性；江苏睢宁流云水袖桥的设计避免了车流和人流平面相交时的冲突，保障人们的穿越安全，在满足功能需求的前提下，紧扣“水”这一大主题，在三维空间中婉转起伏，创造出行云流水般的设计美感；新加坡滨海湾花园的超级树除了利用植物群落和垂直生长的植物形成美丽的空中花园之外，还具备多项实用性功能：收集雨水、生成太阳能以及充当公园与温室的通风管道。

设施在整体景观中既具有观赏价值和艺术个性，又具有实用性价值的环境景观构筑物，是构成整体景观的重要因素和重要载体。

Landscape Fence · 泳池围栏

开放式茧结构

项目类型：住宅
项目地点：奥地利
设计单位：heri&salli
设 计 师：Josef Saller and Heribert Wolfmayr
采　　编：吴孟馨

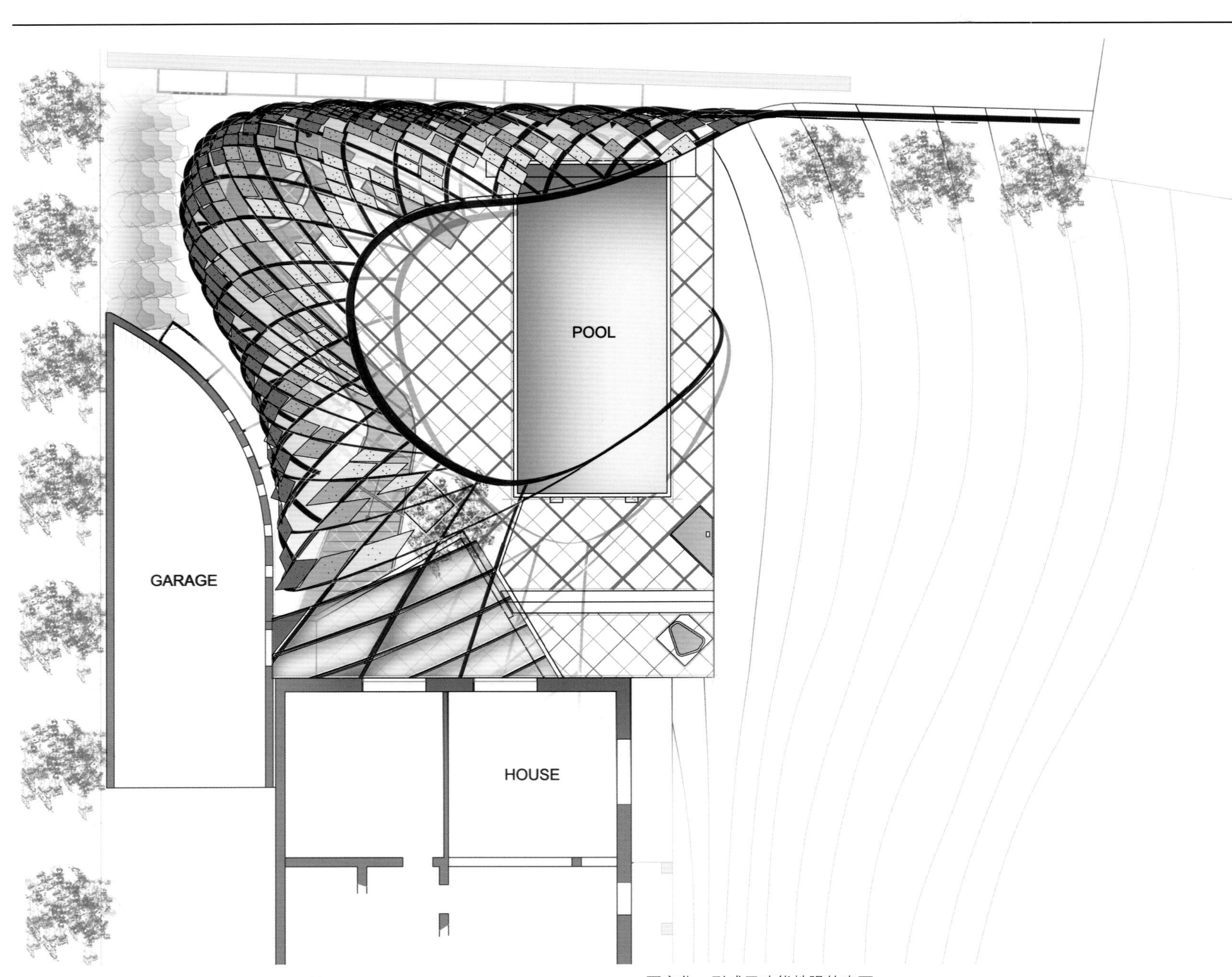

整体景观设计概括：立体化景观构筑

作为滨临湖泊的私人住宅项目，本案的景观设计宗旨是为了将现有的湖景包围起来，同时为了营造景观效果以及将项目主体与周围的环境区分开来，最终采取了作为现有景观立体化表现形式的景观构筑设计，此设计既保护了住户的隐私，又能让业主看到外面的景色，并且使空间以极强的存在感与周围景观融为一体。

泳池围栏的设计手法和特点：开放式茧结构

建筑机构heri&salli为奥地利的一个私人泳池设计了一个像茧一般环绕四周的金属结构围栏。安装的面板和内部结构或多或少都因自身功能需要，空间元素以参数不同而变化，形成了功能性强的表面。

开放式的茧结构是为了营造拥有不同特质的体验空间。或半遮蔽、或半退，最终在中央形成了最大的开阔口，在两头没入水中。曲线传递出一种无限宽广的感觉，使空间更为开阔，同时在结构内部形成回声共鸣现象。各种不同的设施，如楼梯、座椅、躺椅、泳池等都与该结构有着某种几何关系，这些附属设施就像是茧结构的一部分。安装板沿着动态曲线与空间融合，在中央部分形成由内而外张开的状态。

支撑结构的建造是一个悬空的凹面造型，是含有对角交叉圆形管材的框架结构设计，支撑顶上的安装板。框架包括了固体焊接金属面。半密封的外壳由方形板组成，在对角线上用接头片固定。

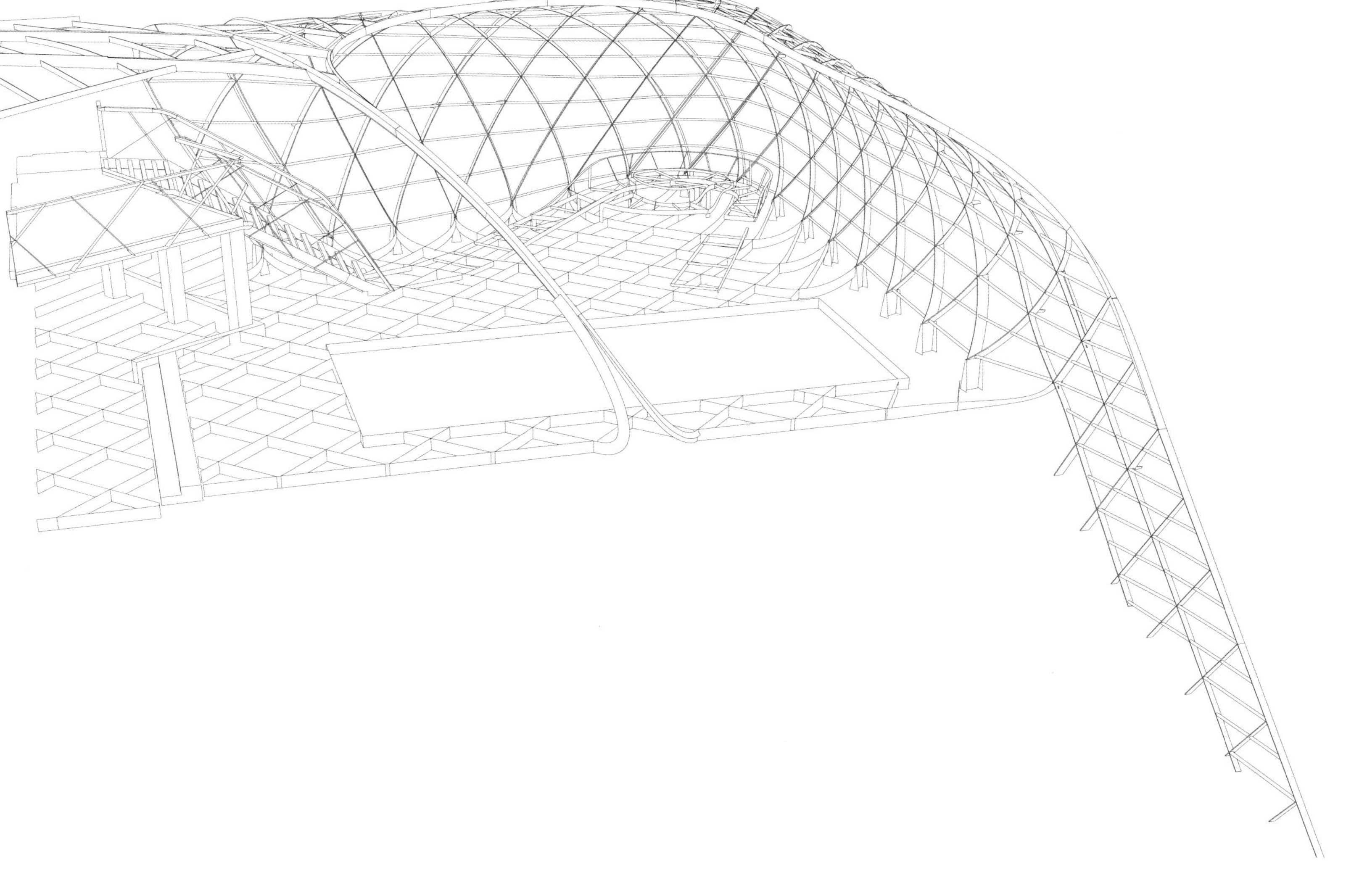

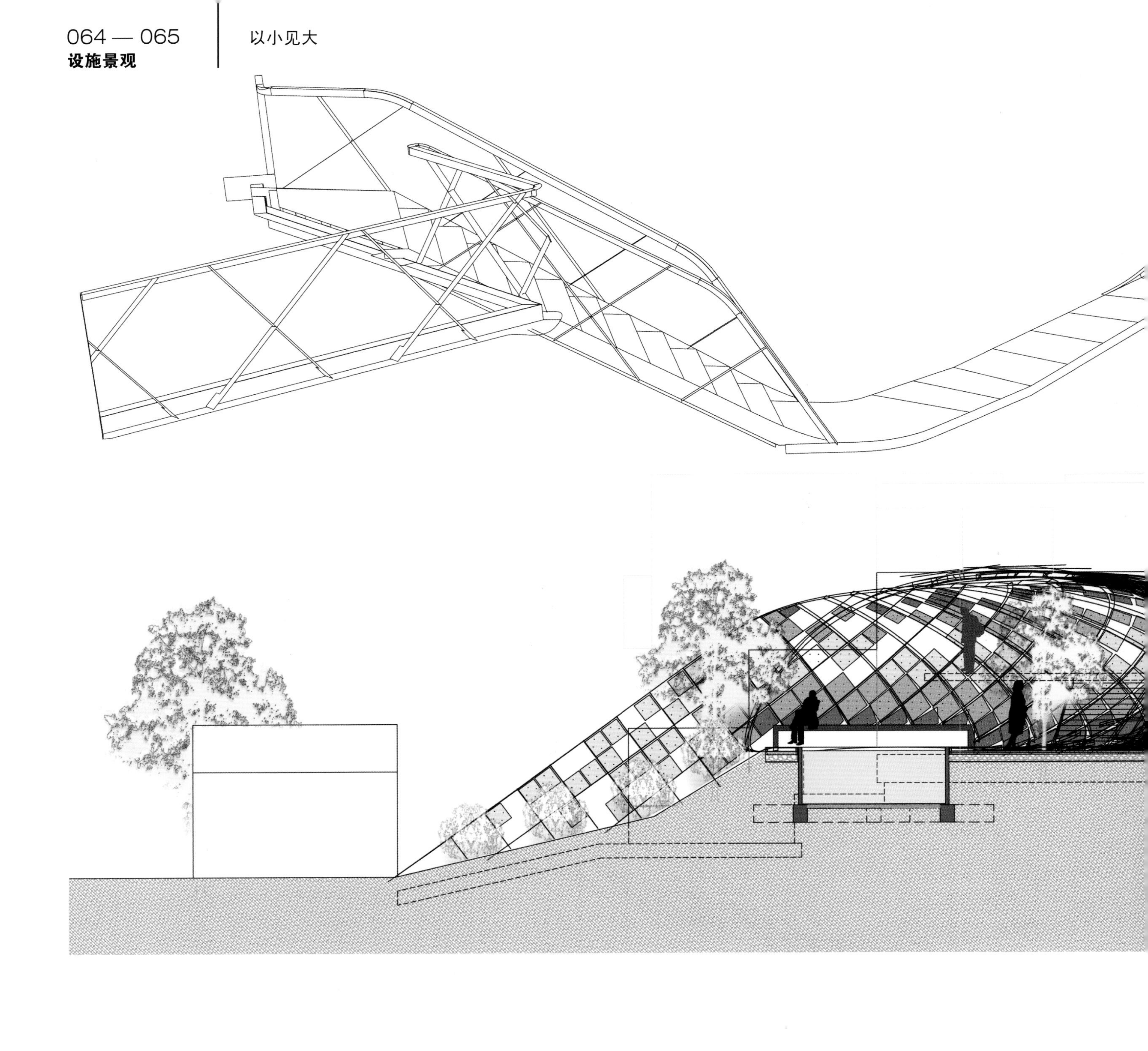

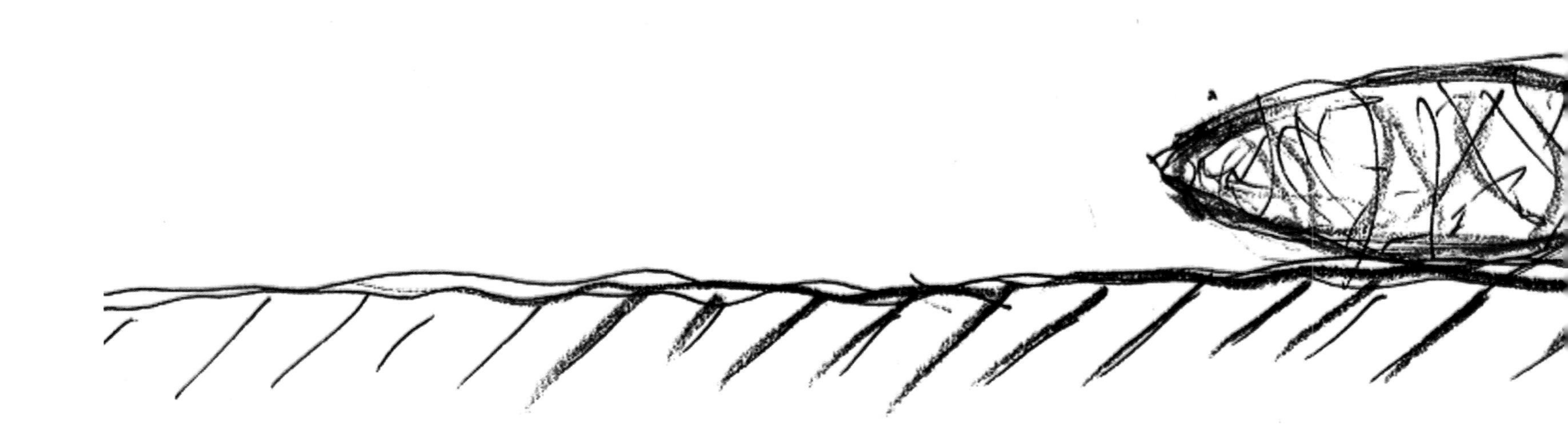

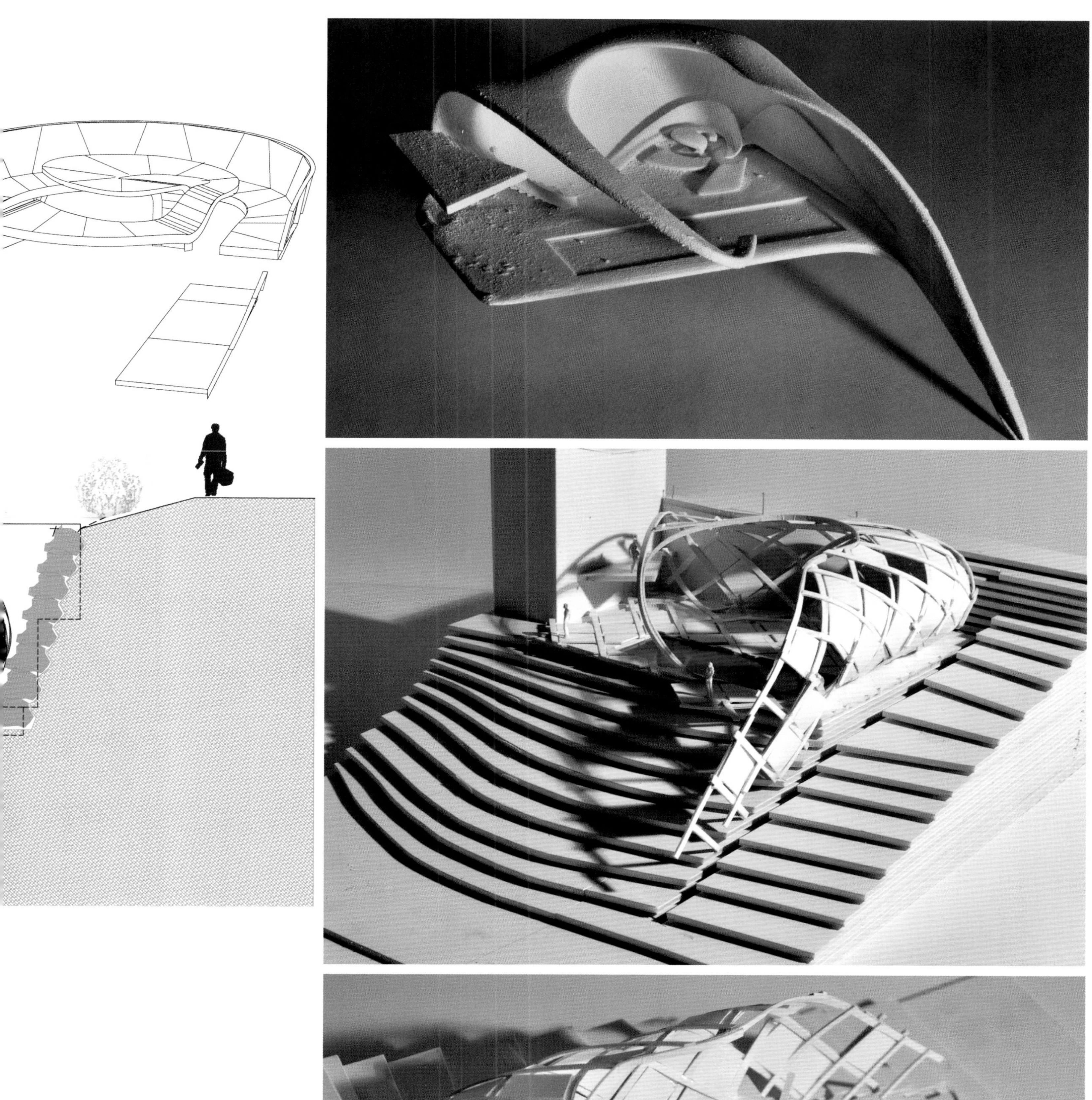

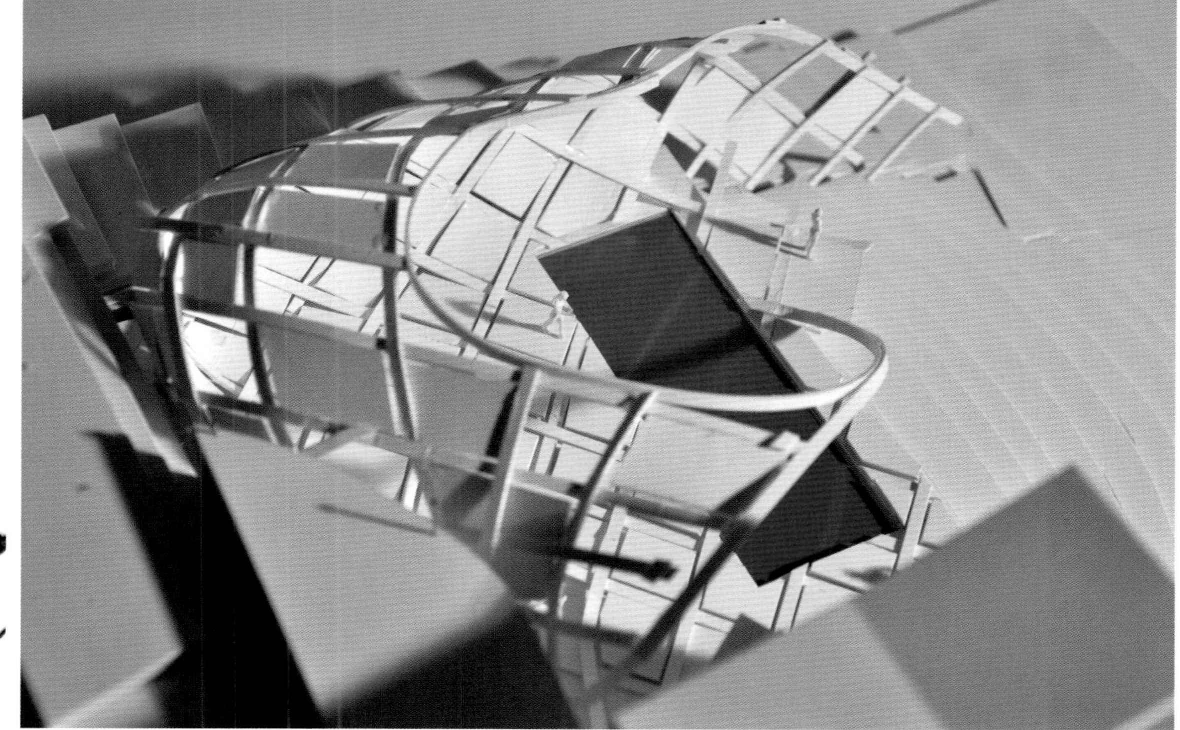

南非House Tat · 庭院泳池

几何形镜面设计

项目类型：别墅
项目地点：南非
设计单位：Nico van der Meulen Architects
设 计 师：Nico van der Meulen
采　　编：谢雪婷

整体景观设计概括：现代简约风格

项目的整体景观设计以现代风格为主，简约、大气、开阔，有如草原的一望无际。设计师巧妙的利用不同设施和材质，使整体风格统一。通过采用落地玻璃和金属镂空护栏设计，增加了项目的景观视野。室外的景观材料均为原始材质，天然的石材铺装，实木地板，使项目整体显得干练与干净。

泳池景观的设计手法和特点：几何形镜面设计

本案的核心景观为安插在露台中的几何形镜面游泳池。浅蓝色的游泳池马赛克与深啡色的实木地板形成了强烈对比，夜幕降临，深蓝的水中倒影着米黄色的灯光，反射形成了别样的景致。

对于镜面泳池来说，周围的景观布置也很重要，本项目在泳池周边采用了热带的风景椰树和非洲当地热带植物，突显南非热带风情。泳池周边休闲设施的设计上尽量遵循简约原则，选用了和实木地板几乎颜色相近的座椅，凳子，突出景观的大气。

南非The Constantia Kloof · 庭院泳池

隐形边缘设计

项目类型：别墅
项目地点：南非
设计单位：Nico van der Meulen Architects
设 计 师：Nico van der Meulen
采　　编：谢雪婷

整体景观设计概括：层次分明

项目整体景观设计采取现代风格，在尊重自然，因地制宜的前提下将建筑与景观融合为一体，同时通过运用几何图形设计使项目的景观层次感更加分明，更加接近于自然景观。

庭院泳池景观的设计手法和特点：隐形边缘设计

项目的庭院形状由半圆形和长方形组成，并由一道潺潺流水的景观墙将别墅的前庭景观和泳池景观区分开，既保持了泳池的私密性，又起到遮阳的效果。

精心的设计让泳池边缘“消失”在环境中，视觉上隐去了游泳池单一的边缘，在扩大庭院面积的同时，还可给业主营造一个连续的视觉景观。

泳池与周边环境巧妙的结合在一起。庭院里的芦荟、草地、和观赏性草等植物创造了丰富的色彩效果，并且使原本单一的泳池有了落差的视觉效果。台阶通向上面已有的平台，方便游泳后的日光浴。弧形座椅方便业主畅泳后更舒服的休息。

大一山庄 · 庭院泳池

直线与曲线型态

开 发 商：广州高雅房地产开发有限公司
项目类型：别墅
项目地点：广州
设计单位：澳大利亚WHI
采　　编：杜全利

整体景观设计概括：现代中式园林景观

大一山庄位于白云区白云大道北东平段，附近有白云山、水库等自然资源。园林规划以“房流于林影，人行于画中”为设计理念，融合白云山的自然生态环境体系，集合现代造园手法与古典园林韵味，在现代性的基础上，融汇西方园林艺术美的几何学、物理学、机械学、建筑工程学等学科，通过自然、随意、现代又具古典园林意境的设计风格，以及中式园林的随意性、自然性和意念的空间想象力，结合山地高低变化丰富、植被自然生态的特点，呈现出西方园林的几何之美、和谐之美和规整之美的同时，表达中国园林的抒情性和诗意化。

泳池景观的设计手法和特点：直线与曲线型态

项目分北、中、南三个区开发，第一期首推北区20栋顶级豪宅，产品户型面积为约800-1 400平方米，地面2-3层，地下1-2层，户户均附有泳池。

结合各自的地形特征和建筑风格，以及周边的自然环境，每套别墅的泳池设计各有特色。其中S3紫蝶轩：巧妙地设计了一个L型的游泳池，首层形成一个半包围空间，与周边的基地环境形成一个整体的景观。泳池面积为205.6平方米，泳道近50米；S2盈水阁：最特别的是泳池侧壁的玻璃设计，泳池通过玻璃和地下室连通，增大地下室的采光，同时也将游泳池的景观引入地下室；S21游意轩：T型的泳池呈半包围状环绕建筑，泳池入口设在首层，于健身房旁的步级下水，既可享半室内私家泳池的私密的空间，又可通过T型泳道游出室外部分，享受大自然的阳光。

潜水者的玻璃屋·围墙

多孔格型结构

项目类型：别墅
项目地点：日本
建筑设计：Tetsuya Nakazono / naf architect & design, Sojo University
设 计 师：Kenji Nawa / NAWAKENJI-M
采 编：谢雪婷

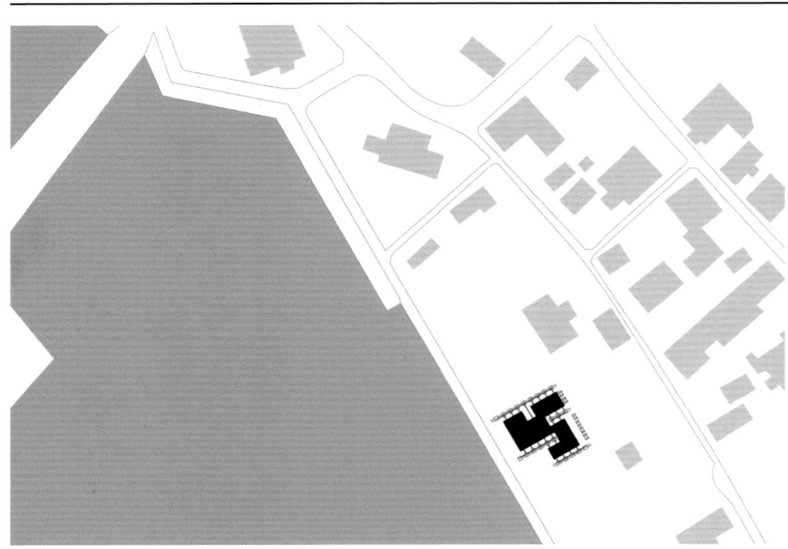

整体景观设计概括：建筑与景观合二为一

本案位于日本广岛江田岛市，是由东京事务所naf architect & design专为潜水员设计的玻璃屋项目。项目整体结构简单，超越传统建筑形式，包括屋顶和透明玻璃以及由混凝土块结构组成的围合墙体。项目拥有比传统建筑更为灵活的内部结构，可以充分将自然风、自然光和绿化等引入，并加以利用，形成不一样的景观效果。

围墙景观的设计手法和特点：多孔格型结构

项目的核心景观在于由混凝土块结构组成的围合墙体，这一设计有效的平衡了风、光、景观与内外空间的关系。

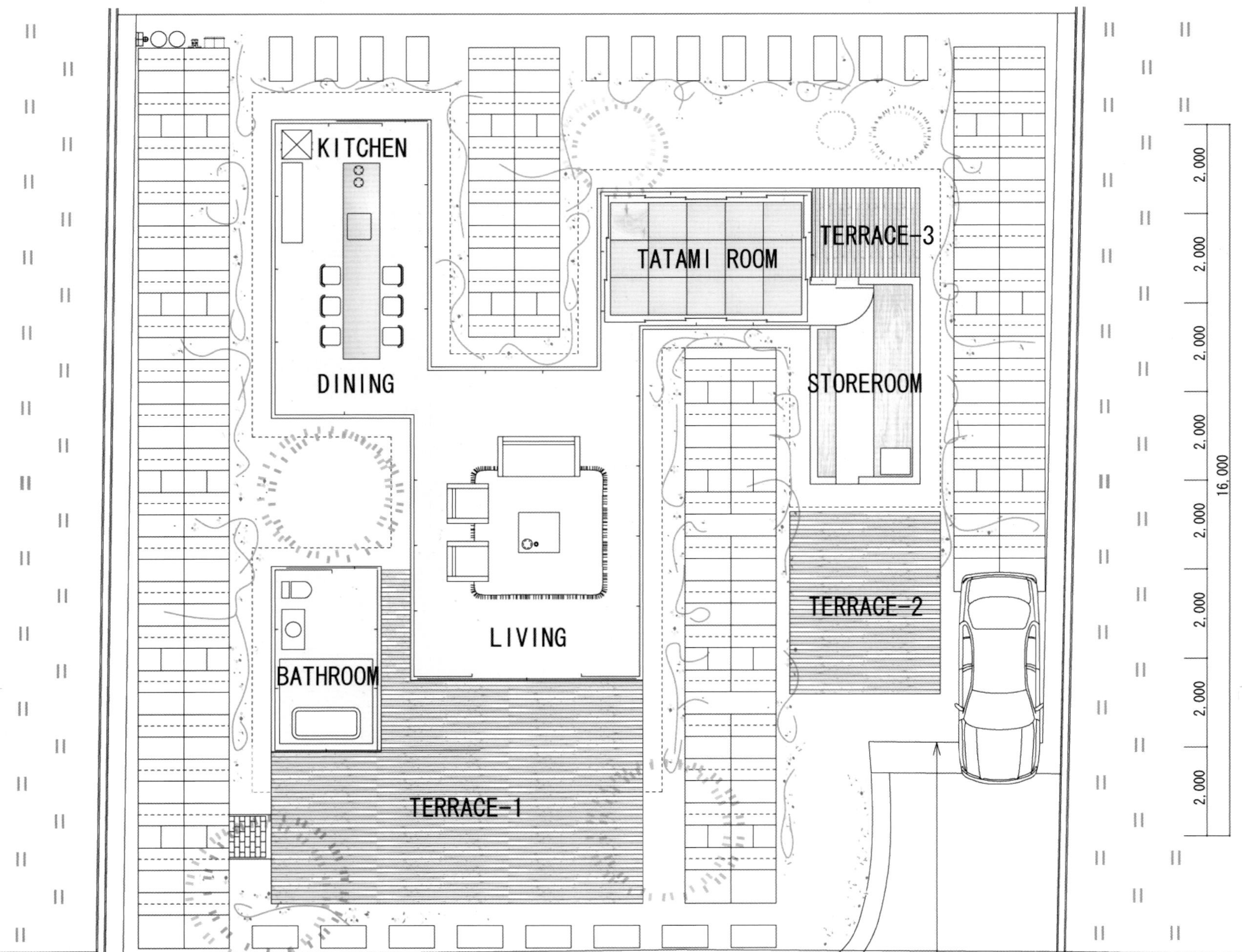

围合墙体的基本构成方式是把1 x 1 x 1.5米的大型混凝土块一块块地堆叠起来，形成一个类似防波堤或消波堤的不规则造型。混凝土块则是利用水泥厂的剩余边角料加工而成。因此，本项目的工程进度和普通传统的建筑工程进度安排方式不一样，是由混凝土块的生产进度来决定。

混凝土块上切割了凹槽，在利用起吊拼叠的时候，相邻的混凝土块上的凹槽连接形成一条垂直线，内嵌钢筋固定，可抵抗地震。统一用这种方法堆叠起来的多个混凝土结构面向不同的方向，相互间距也各不相同。一方面，有利于通风、取景，不同的朝向也保证了各个内部空间的私密性，避免视线干扰。

混凝土块上方没有屋顶，因此阳光可以从上方投射进室内。此外，混凝土块周围将会种上各种花草藤类，令“消波堤”形的建筑化身为花山、绿地，成为景观的一部分。

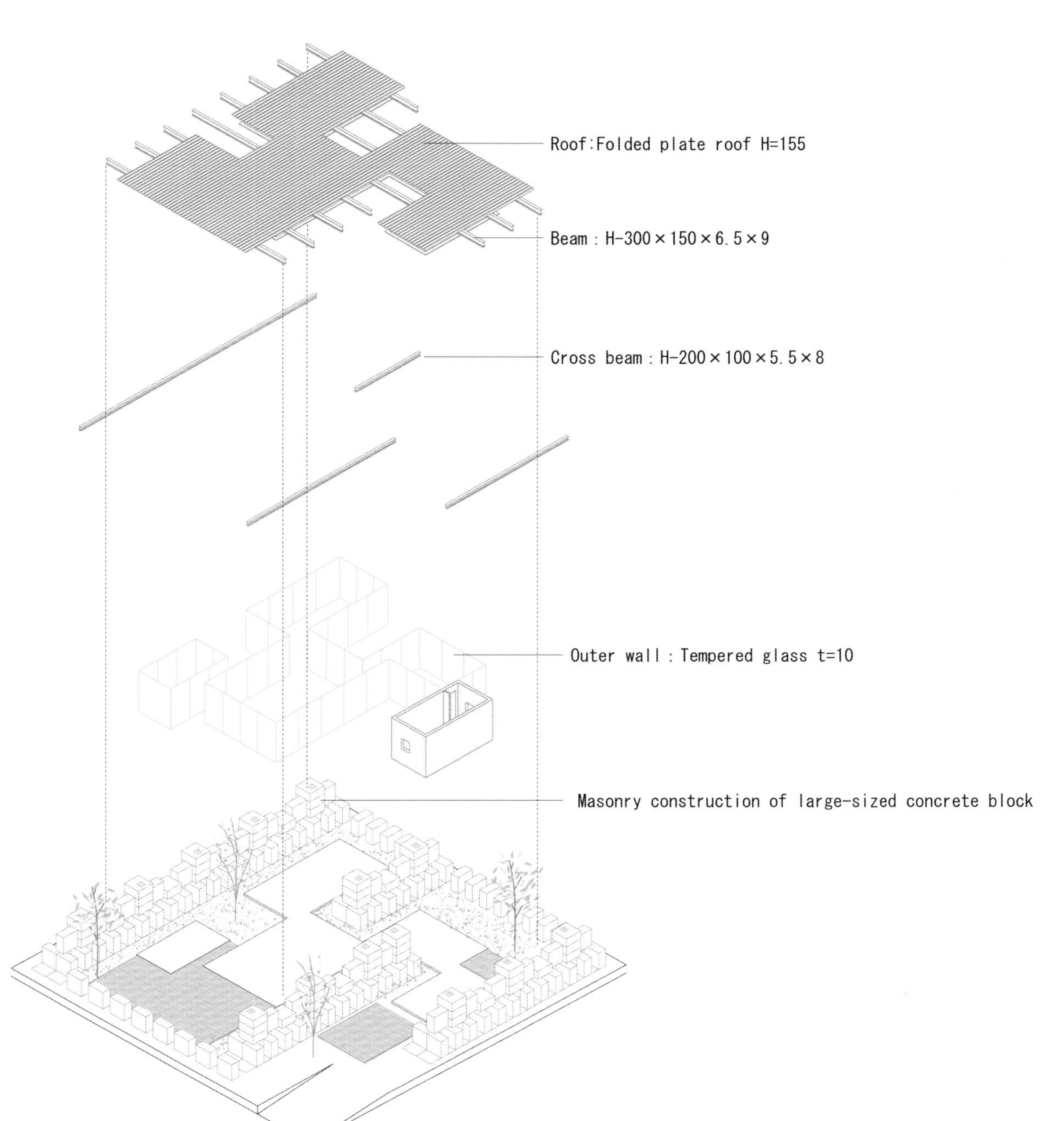

villa

YRIZAR宫廷花园·围墙

L形“新”墙

业　　主：西班牙贝尔加拉市政厅
项目类型：住宅
项目地点：西班牙
设计单位：VAUMM architects
采　　编：吴孟馨

整体景观设计概括：文艺复兴花园

该宫廷花园最早位于城墙之外，在随后Bergara镇发展的几十年里并入其中，并于1659年为Yrizar所有。那个时候，它还是一座围绕着一些果园的大房子而已，但它的主人对其进行了彻底的翻新改造。1692年第一次将其描述成文艺复兴花园。

在60年代及90年代期间，花园几经变迁。现在花园受到巴斯克政府文化部门法令的保护而被围起来，包括景观区以及文艺复兴源头及“结束”花园。

围墙景观的设计手法和特点：L形“新”墙

原来的砌石墙已经不见，且未留下任何以往的痕迹。围墙使得花园只能通过人行天桥进行观赏，由此也背离了其作为一个与周围环境隔绝的花园的印象，扭曲了最初的“关锁的圆”这一空间概念。但是另一方面，设计试图从某种程度上重建古典园林的隐蔽性，恢复古典园林的空间意义。采取新型金属密封材料进行建造，这样看上去虽显密集厚重却也巧妙地显露了所隐蔽及保护的花园。

150x300毫米大小，6毫米厚的L形考顿钢板被放置四周，勾画出围合的范围。材料组合的厚度和原来的石墙差不多，但显得更为轻盈。两两板材被夹固定，形成了一堵“新”墙，改变了花园与旁边街道的关系。而且，这堵墙上铭刻了一些信息、文字和地图信息，具有整体价值，是Bergara当地居民集体记忆的一部分。

INMOBILIARIA · AGENTZIA

Irizar jauregia
berpizkundeko lorategia
XVII. mendea

Irizar jauregia
berpizkundeko lorategia
XVII. mendea

akordioa, askatasuna,
etorkizuna, euskal herria,
traizioa.....
Irizar
berpizkundeko
XVII.

Farrar Pond住宅·雕塑围栏

“鱼骨”形状

业　　主：Bob Davoli + Eileen McDonagh
项目类型：住宅
项目地点：美国
设计单位：mikyoung kim design
材　　料：考顿钢
采　　编：张雅林

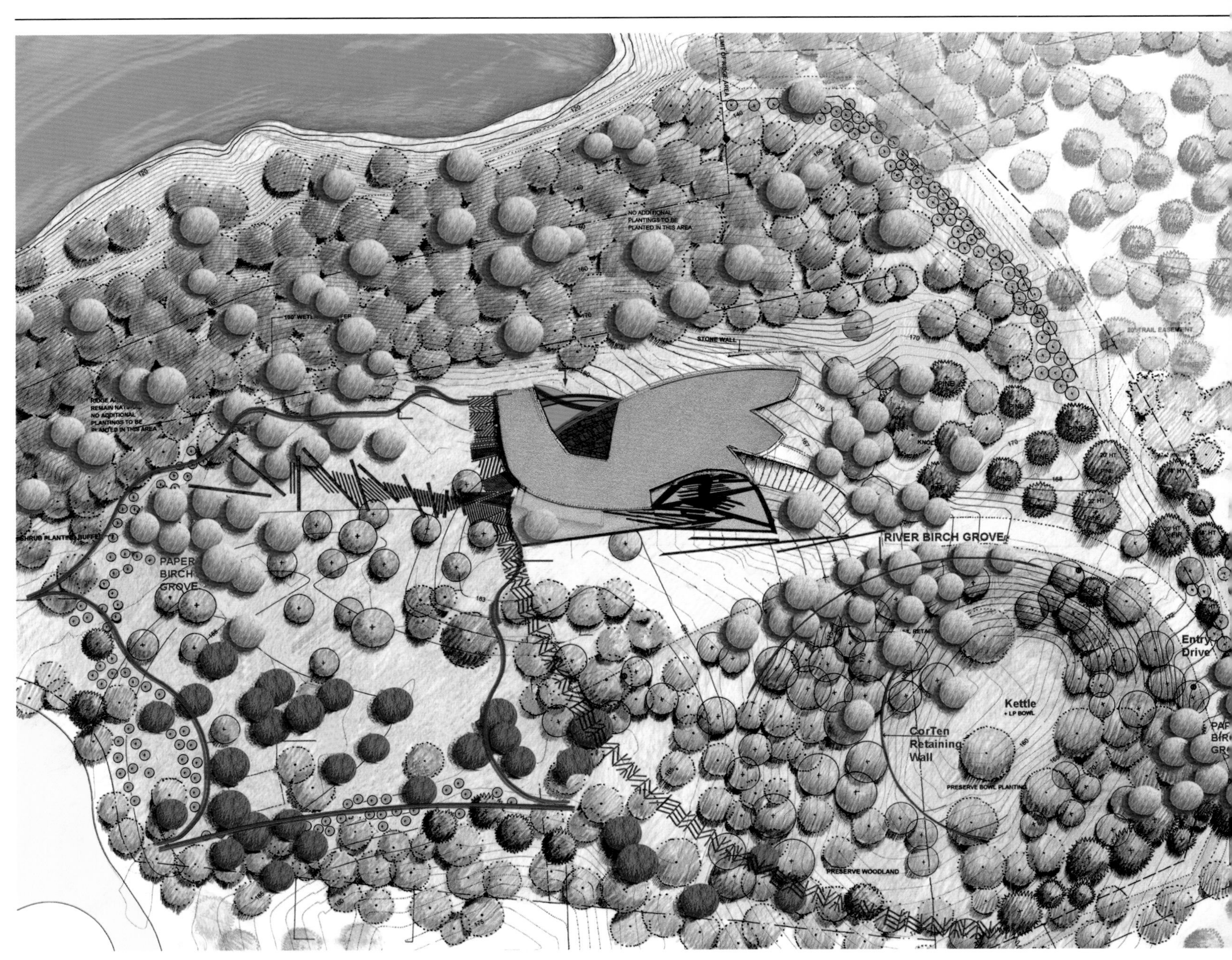

整体景观设计概括：新英格兰森林地貌

该项目位于一个12 140.57平方米的天然阔叶林内，远眺Farrar池。这个水池是众多与梭罗位于麻省林肯市的故居瓦尔登湖相连的水池之一。项目在景观设计中保证与新英格兰森林地貌相符的同时，也严格遵守了当地相关的保护条例。设计旨在通过一片丰富的本地植物搭配区提升地块的自然美，同时可以保护原有的生态和河流。

此外项目的景观设计还包括：一片围合的区域用来养狗，一片安全区可供散步，还有贯穿整片住宅区的通路，以及一个可以远眺Farrar池的丁香青石露台。花岗岩石阶上长着苔藓和麝香草，蜿蜒地向森林深处延伸。锦鲤池，强化不锈钢层，还有大块的铸造玻璃，与从丁香青石露台上看下去的Farrar池景观交相辉映。锦鲤池边上的分层不锈钢水槽喷泉系统在水源尽头对水体进行了过滤。

雕塑围栏的设计手法和特点：“鱼骨”形状

雕塑围栏以考顿钢作为材料，沿着林中空地延伸，跨过地面各种起伏，形成了若有若无的边界。该处景观设计反映了业主内心深处对土地的敬意，同时坚持现代设计语言的主张，反映了业主对艺术和雕塑的爱好追求。

在绿化物种选择上，淘汰掉维护工作量大的物种，进而选择不需要施加化肥或者人工灌溉的植物。白桦林与考顿钢制成的围栏相互交织，并与遍布树林的白桦树形成某种联系。

此处的设计意图在于将现代材料、设计元素与本地的植物配置还有自然形成的冰砾阜地貌协调起来。

Spanish Walk社区·休闲座椅

曲线造型

项目类型：住宅
项目地点：美国
设计单位：美国SWA集团
采　　编：盛随兵

整体景观设计概括：热带雨林风格

项目位于美国加州棕榈沙漠，占地319 701.66平方米，是一个高密度的住宅项目。整体上，项目包括5种户型，还有一系列供居民聚会游玩的露天场所。

项目规划的重心在于如何将项目的排水系统与露天场所、景观配置（涉及沙漠地区节水植物种植）结合起来。

区内水池、公园交错。中央公园设有一个休闲草坪、一个小型奥林匹克池，一个儿童玩水区，可供夏日消暑。

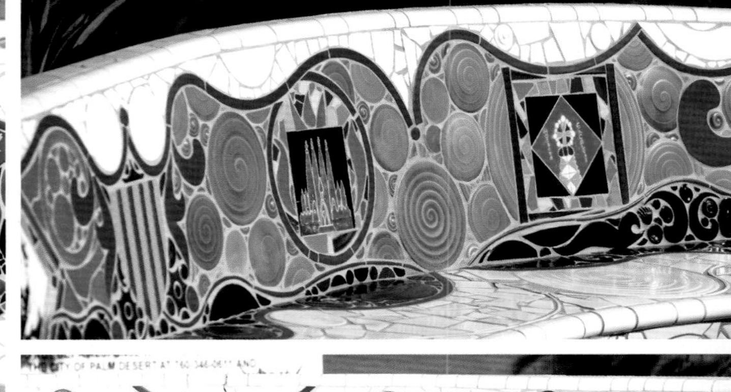

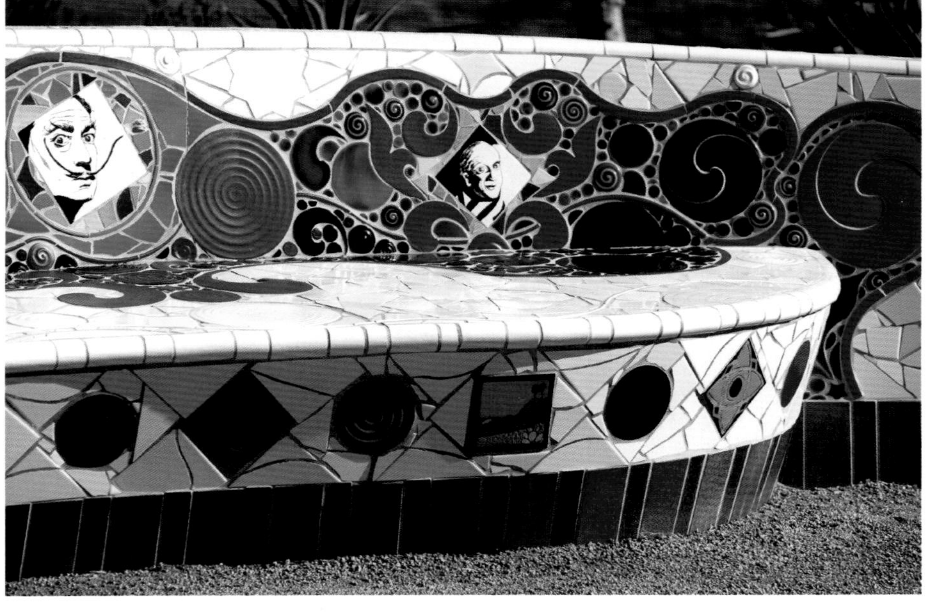

设施景观的设计手法和特点：曲线造型

休闲座椅是园林绿化中必不可少的设施之一，随着人性化设计理念的深入人心，休闲座椅的外观设计更趋于艺术化，材质更加丰富，使用起来更加舒适、耐久。此外，座椅的安置也更加强调与环境相协调。

社区以人为本，设置了可供人休憩的户外休闲座椅。在造型上采取曲线式设计，并以瓷砖拼接图案为装饰，且构图精美、色彩鲜艳，体现出浓厚的阿拉伯地域特色。

曲线造型有利于增加就座时的舒适感，而瓷砖的运用则使座椅易清洁，防腐、防锈、防蛀，耐用等。

GSA 昆西庭院·“树丛”设施

“芽叶”雕塑群

业　　主：美国联邦事务管理局
项目类型：商业街
项目地点：美国芝加哥
设计单位：Rios Clementi Hale工作室
摄　　影：Scott Shigley
采　　编：张雅林

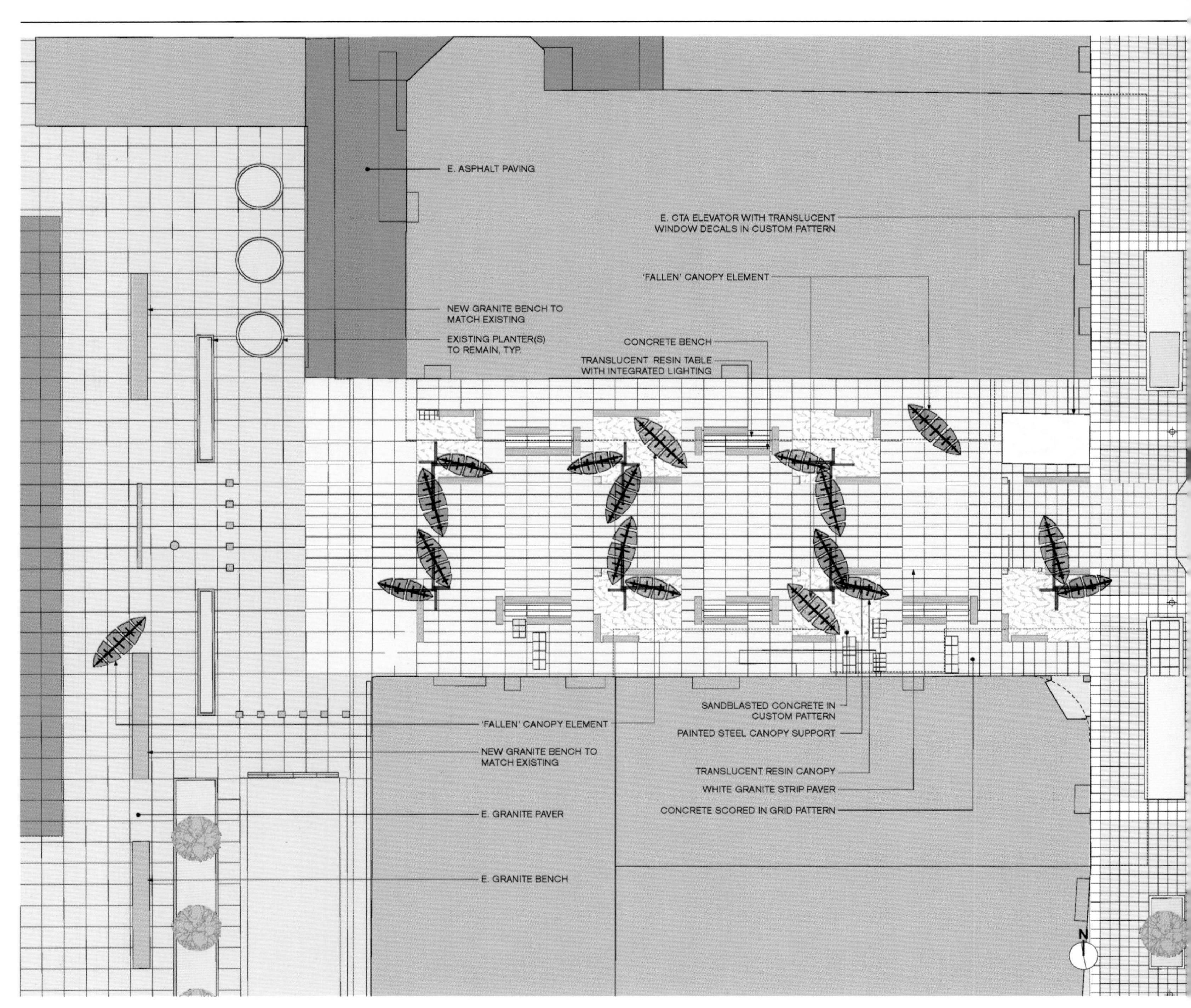

整体景观设计概括：休闲步行街

昆西庭院原是南州的一条旧街，作为联邦政府将来在芝加哥的办公区扩建空间，其最大的任务就是改善空间景观，提升公共使用的舒适度，变身成为芝加哥市民和游客聚集的户外步行街和永久性的特色景点。

设施景观的设计手法和特点：“芽叶”雕塑群

芽叶状树丛雕塑和硬质铺装的设计灵感来源于联邦办公区和芝加哥市常见的皂荚树、芝加哥老建筑的白陶土建筑细节、现代广场的密斯网格设计，还有德克森联邦大楼外墙上的反射灯饰。

树状遮盖结构由钢和半透明的丙烯板制成，夜间会有灯光照明。部分芽叶结构被经过喷砂打磨的混凝土块固定在地面上，看起来仿佛是从地面铺装上那抽象的叶片图案中生长出来的。同时半透明的树枝桌子内置有LED照明，夜间会发光，形成一种新的附属设施风格。

另外，在原有的硬质景观材料的基础上，加入了新型花岗岩长椅和花岗岩铺地，成为了联邦广场中巨大的现代建筑和南州旧街行人道之间的过渡。

Payless ShoeSource
Payless ShoeSource

hoeSource
kids
Foot
Locker

Lady
Foot
Locker
Foot
Locker

灵山元一丽星温泉度假酒店·温泉景观

原生态风情

开 发 商：无锡灵山元一投资发展有限公司
项目类型：酒店
项目地点：江苏无锡
设计单位：析乘（上海）景观设计咨询有限公司
设 计 师：陈滨
采　　编：盛随兵

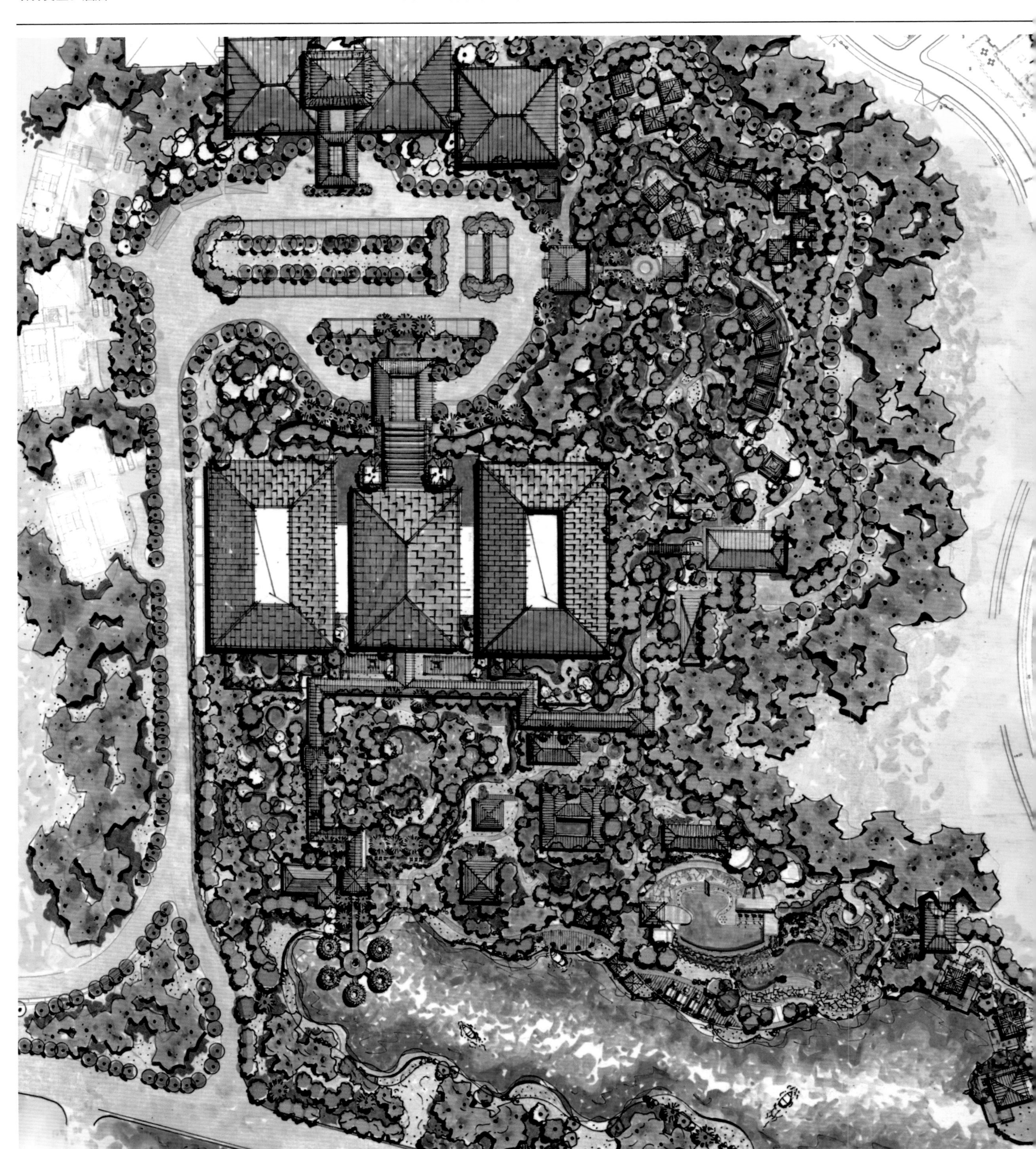

整体景观设计概括：东南亚风格

本项目位于无锡马山太湖国家旅游度假区内，俯览水宽云阔的太湖，背倚庄严肃穆的灵山胜境。酒店以葱郁的原生态环境为基本，低密度开发和利用，并以东南亚风情为蓝本，突出明快轻松的异域风情，致力于打造一个高品位、舒适、生态自然的户外温泉体验区。

温泉景观的设计手法和特点：原生态风情

温泉区通过景观化的手法，使每个汤池的形状、大小、位置都依照原生树的位置进行调整变换，以使每个汤池都能以一种非破坏性的和谐方式与其周边树木巧妙结合。以绿化为屏，各色汤池被掩映其中，相映成趣，温和、惬意的景致氛围油然而生。

除此保护原生植被外，为使得与整体自然生态风格相统一，设计师对硬景材料亦作精心遴选，避免选用过于城市化的材料，而采用天然质朴的材料。以木料、火山岩为主材，表达自然的肌理，烘托出从容自在的氛围，让游客体验返璞归真的感受。

温泉区的路网亦经过精心布置。因考虑中心区有较大的容量和客流量，以环路为主干，枝状道路贯通各色汤池，提升了各汤池的可达性和便捷性。考虑雨天、冬季的便利使用，从会馆室内进入户外温泉区，即以一条有盖廊架连接至各主要汤池。密林区为凸显自然幽静，则以支路、小路引导至各汤池。迂回曲折、纵深交错，清幽氛围足以让人忘却喧嚣。

十六号

无锡灵山元一丽星温泉度假酒店
RI-STAR SPA HOTEL

Pirrama公园·滨海漫步大道

两点一带

业　　主：悉尼市政府

项目类型：公园

项目地点：悉尼

设计单位：澳派景观设计工作室

采　　编：盛随兵

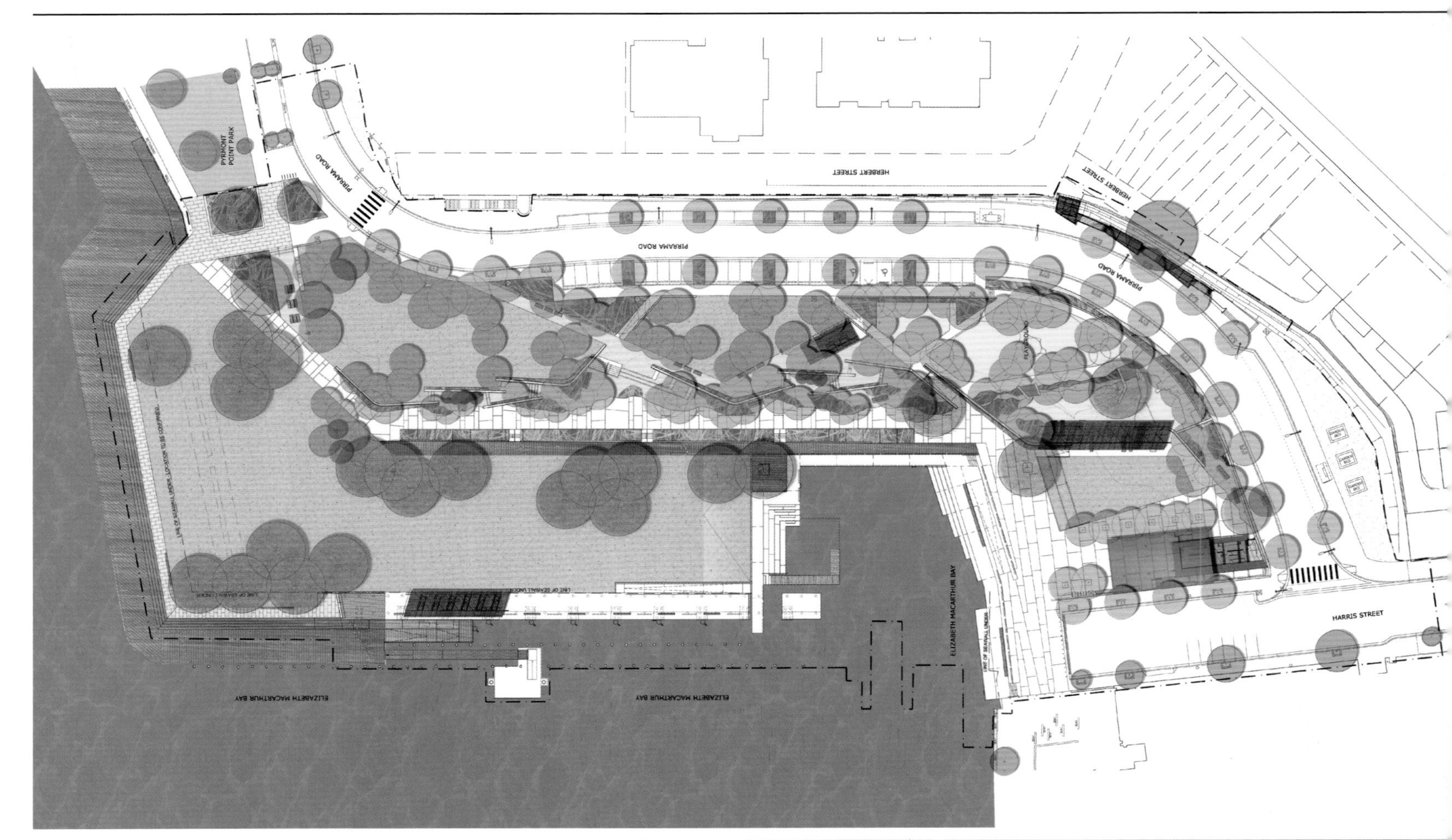

整体景观设计概括：后工业化风格的滨水空间

Pirrama一词来源于是该区域Pyrmont半岛的原始方言。占地18 000平方米的Pirrama公园滨水空间原计划开发成住宅区，但当地社区成功地阻止政府将土地出售给房地产开发商。悉尼市政府购买下这块原本是水上警察局旧址的滨水空间，试图将原本冷漠封闭的后工业化风格的场地改造成一处表情丰富的公共滨水空间，供悉尼市民使用。

不同于其他滨海公园极力彰显悉尼的地形特征，通过悬崖海岬、海港景观，营造壮观的视觉效果，Pirrama公园在整体景观设计中摈弃过多的华丽装饰，呼应其作为工业场地的历史特征。

滨海漫步大道的设计手法和特点：两点一带

公园内设置了一系列户外娱乐和活动场所，由此形成的一个个公园空间由多条新设计的道路串联成一个整体。环绕Pyrmont区的滨海漫步大道是整个公园的骨架，同时也是连接Rozelle和Rushcutters湾之间长达14千米的公共空间的重要纽带。

漫步大道旁的生态雨水沟收集雨水和地表径流，是整个更为复杂的雨水收集系统中的一小部分。公园中使用的雨水收集系统完成雨水过滤清洁、地下水储藏和公园浇灌等各个环节的任务。

公园的设计成功阐释了延绵的海岸线和海洋文化的主题。天然的海岸线和宽阔广袤的滨海步道相得益彰。陆上的景观元素设计与自然地形和谐一致，滨水景观元素则更直接地回应了填海造地的后工业历史背景。

NOKIA

悉尼达令港·儿童游乐场

干湿两相宜

甲　　方：Lend Lease集团以及悉尼海港委员会
项目类型：公共空间
项目地点：澳大利亚
设计单位：澳派景观设计工作室
采　　编：盛随兵

整体景观设计概括：现代新型城市公共绿地空间

悉尼达令港南部，也就是今天被人们熟知的Darling Quarter，是澳大利亚最引人入胜的旅游目的地之一，亦是悉尼极具影响力的、最能展现城市新风貌的重点工程项目。达令港改造的关键点之一是让城市公共绿地空间更好地为家庭活动服务，促进城市居民间的交流互动，进而使整个社会更为和谐，更有凝聚力。

儿童游乐场景观的设计手法和特点：干湿两相宜

项目中心是一座4 000平方米的儿童游乐场，也是悉尼CBD内最大的儿童游乐场。为了突出达令港工业港口的特色，游乐场以“水”为主题，打造一系列具有创意的互动游戏空间。

NOVOTEL

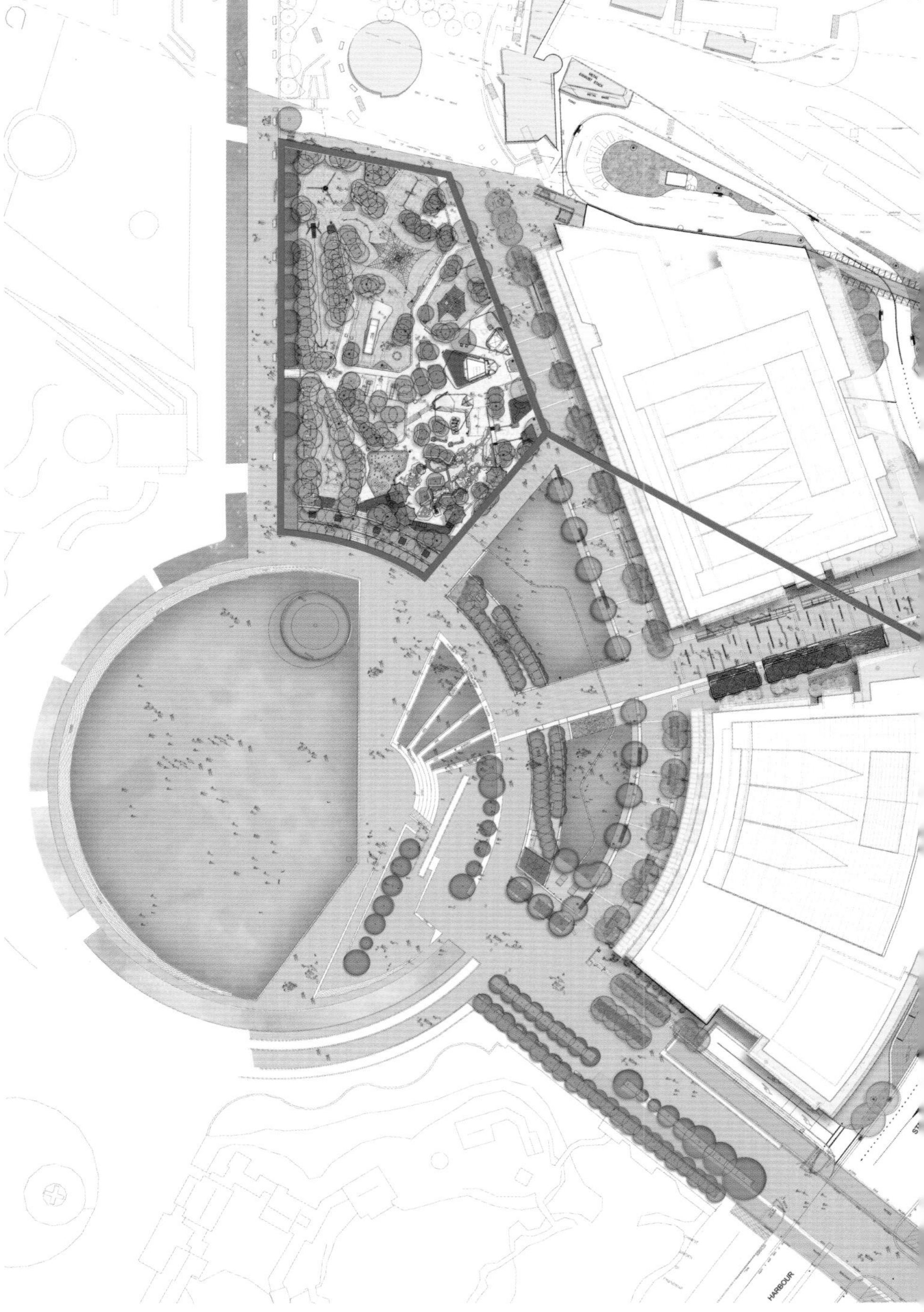

儿童游乐场设计从达令港的工业历史出发，通过抽象的艺术形式，在游乐场再现澳大利亚各大河流的景象。此处广泛使用了从德国引进的制作精美的儿童水上游乐器材，这些器材是在澳大利亚境内首次使用。水闸、水泵、螺旋水斗，这些最先进的器具可以让小朋友们全程控制水的流动。水流通过水渠注入一个个游戏空间，这些空间都是由混凝土打造的，极具雕塑感。

此外，水乐园中还有一个“干”的游乐园，由大沙池、滑道、攀爬网、大型的滑梯等组成，可以供多个家庭尽情游戏。游乐园四周设有各种功能设施，以及阳光露台咖啡座、遮阴廊架、户外剧场大台阶休息区。

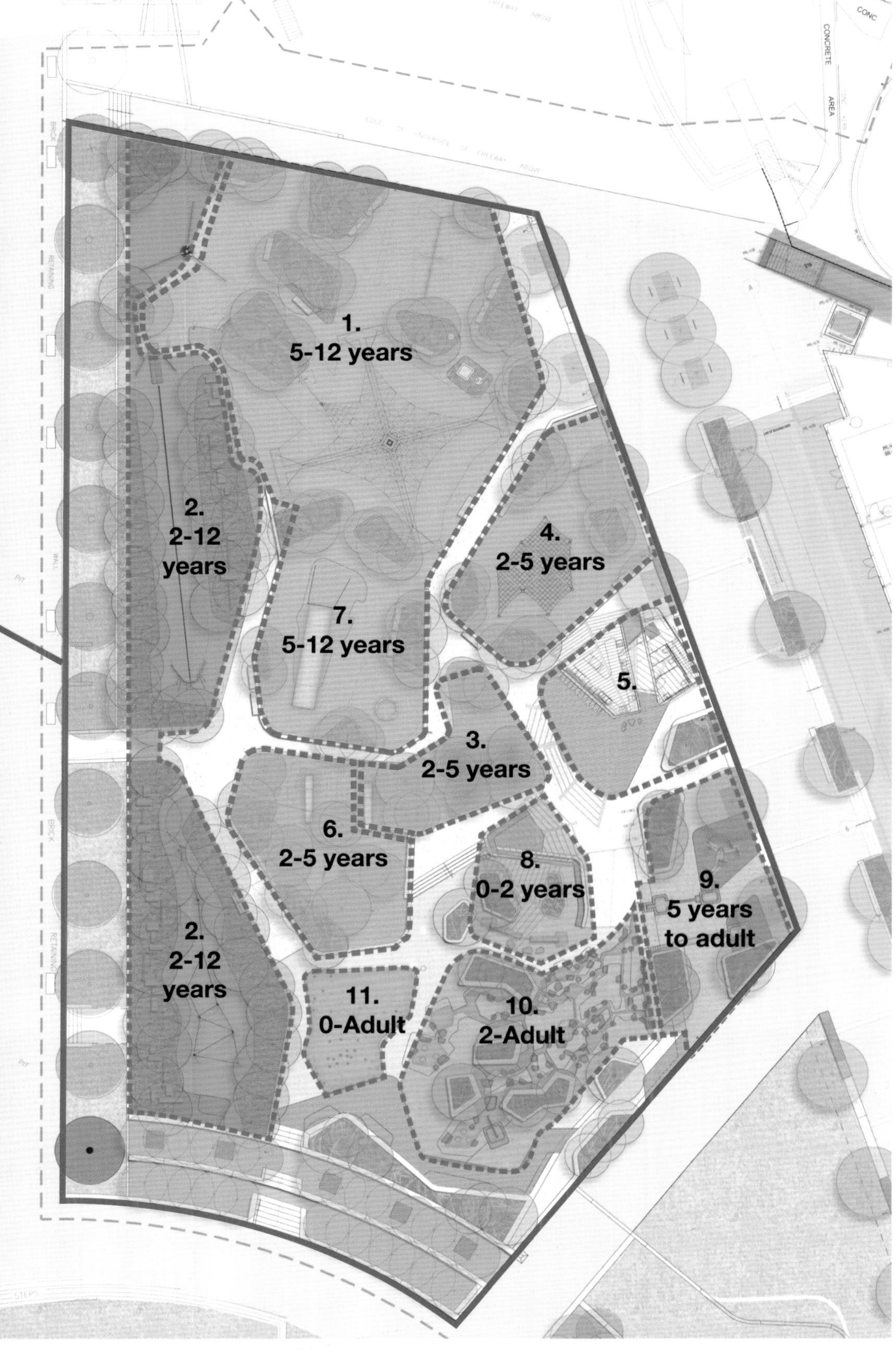

图例

1. 少儿游乐区（适龄段：5-12岁）
   - 大型攀爬网
   - 四架秋千
   - 一架旋转秋千
   - 绳桥
   - 蒲葵
   - 金帝葵

2. 深林探险区（适龄段：2-12岁）
   - 果蝠
   - 绳子
   - 平行木
   - 搜救砂岩区
   - 甲板
   - 斑皮桉

3. 滑道区（适龄段：2-5岁）
   - 坡度平缓的橡胶滑道
   - 蒲葵
   - 金帝葵

4. 幼儿游乐区（适龄段：2-5岁）
   - 两架幼儿秋千
   - 中等型号的幼儿攀爬网
   - 蒲葵
   - 金帝葵

5. 观光台
   - 小亭子
   - 洗手间（一间设有尿布台、2间男女通用洗手间）
   - 直饮水口
   - 遮阳设施

6. 幼儿滑滑梯及玩沙区（适龄段：2-5岁）
   - 两架滑滑梯
   - 两台儿童挖掘机
   - 蒲葵
   - 金帝葵

7. 少儿滑滑梯及旋转乐（适龄段：5-12岁）
   - 一架滑滑梯
   - 一台旋转乐设施
   - 一堵攀爬墙
   - 穿过橡胶模具的水槽
   - 蒲葵
   - 金帝葵

8. 婴幼儿游乐区（适龄段：0-2岁）
   - 沙坑
   - 砂岩雕坑
   - 遮阳设施

9. 泵水站（适龄段：5岁以上及成年人）
   - 七台手动泵水机
   - 一台水车
   - 地下水渠
   - 地上水槽
   - 蒲葵
   - 金帝葵
   - 斑皮桉

10. 运河区（适龄段：2岁以上及成年人）
   - 运河（沿途有水闸和弯道分流）
   - 水上互动设施
   - 勺水车
   - 蒲葵
   - 斑皮桉

11. 同步喷水区（适龄段：0岁以上及成年人）
   - 同步喷水装置
   - 混凝土地面装饰

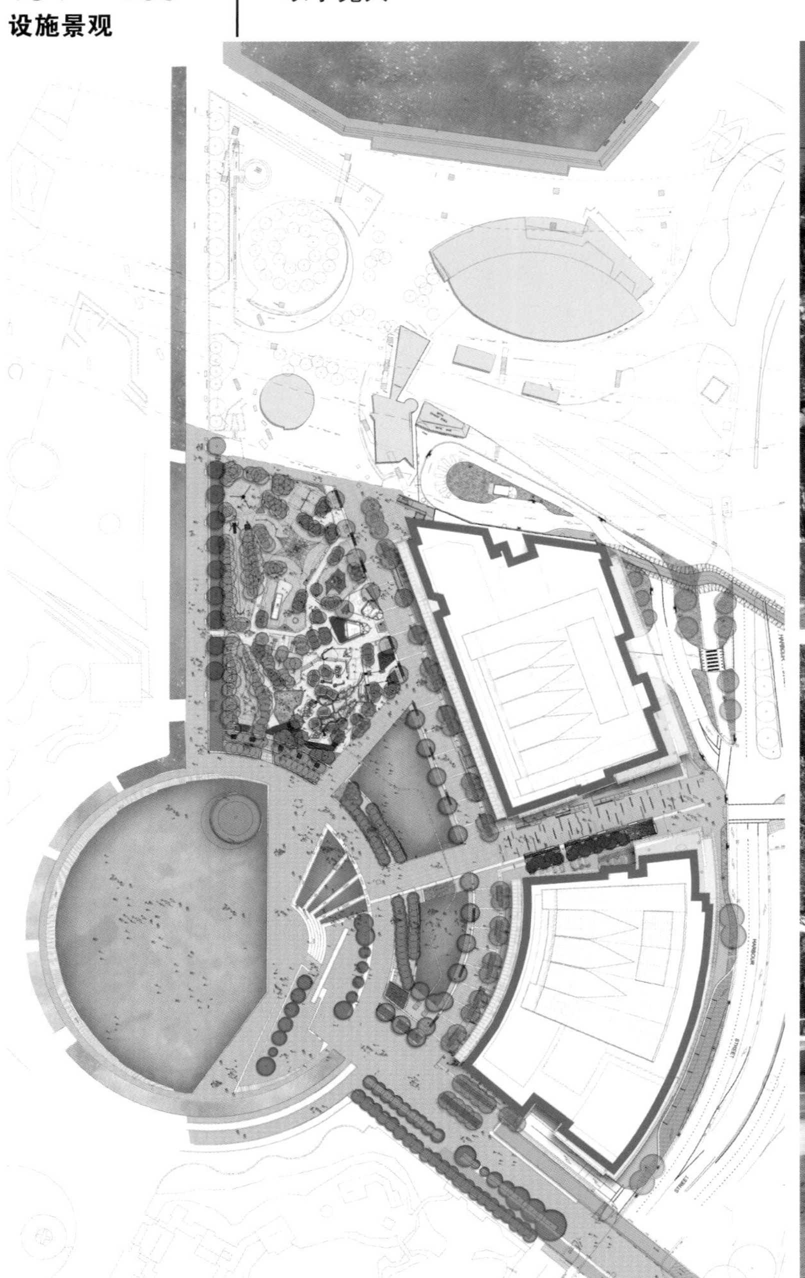

项目的设计十分注重社会与生态的可持续发展。充分考虑雨水的过滤与回收利用，过滤后的雨水被收集到一个30万升的雨水箱里，供整个场地的灌溉和造景之用。柱灯选用当前最先进的节能灯，不仅创建了奇妙的夜景氛围，而且可以通过照明控制系统调节亮度，实现了比达令港其他区域减少60%耗电量的节能目标。

Schulberg雕塑游乐场·攀爬网

五角立体结构

开 发 商：Stadt Wiesbaden
项目类型：游乐场
项目地点：德国威斯巴登
设计单位：ANNABAU Architecture and Landscape
摄 影 师：Hanns Joosten
采　　编：吴孟馨

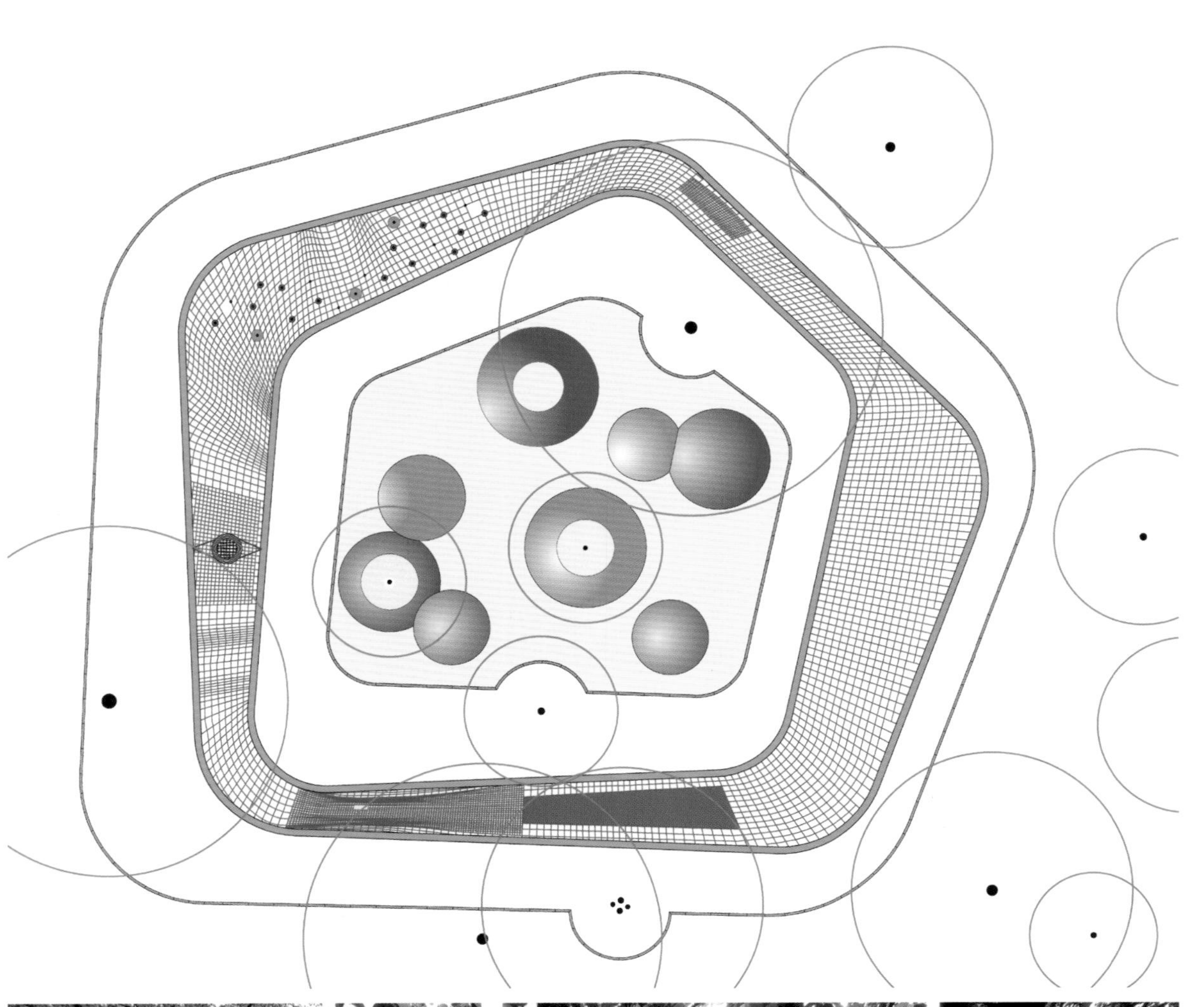

整体景观设计概括：艺术娱乐设施

在威斯巴登的舒尔贝格山的改造工程中建起了一个全新的公共空间，空间的中心是一个艺术特征明显的游乐场。其出众的建筑之美吸引着来自各个年龄层次、不同民族背景的人来此休闲、娱乐。

攀爬物的设计手法和特点：五角立体结构

游乐场内设置了一个大型立体结构。该结构是五角形，仿照威斯巴登市曾经的五角形版图，而钢管从高处往下弯曲指代的是市区地貌。整个雕塑结构的直径有35米，最高点达到了23米，但整体高度并没有超过3米，符合游乐场设计的安全要求。

在钢管之间紧绷着一块攀爬网，网路形成一个封闭的回路，孩子们可以在上面进行游戏。在攀爬网上设有6个游戏点：在“藤本植物园”里，孩子们可以在藤本植物之间荡秋千；在攀爬网的最低处设置了塑胶圆盘，供孩子们在圆盘上蹦跳。更多的游戏点包括弹跳膜、隧道、陡峭的攀爬墙和刺激的滑道。

环绕着游乐场的是一条宽敞的林荫走廊，旁边设有长椅，家长可以坐在那里，看着孩子们玩耍，或者欣赏周边美景。一条无烟煤渣砌成的路基环绕着五角形的游乐场，将其和林荫走廊分隔开。

新加坡滨海湾花园·空中花园

“树状”结构

开 发 商：National Parks Board
项目类型：公园
项目地点：新加坡
设计单位：Grant Associates
设 计 师：Andrew Grant
采　　编：谢雪婷

整体景观设计概括：热带滨海花园景观

新加坡滨海湾花园的设计源于“兰花”这一概念，是自然、科技、环境规划的丰富结合，也包含了园艺展示、日光、音响技术运用、湖、森林、活动场所、餐饮、购物等功能。该项目拥有智能化的环保措施，使新加坡的濒危植物可以在此健康生长，是寓教于乐的理想场所。

南湾是整个滨海湾花园中最大的花园，占地540 000平方米，毗邻滨海沙滩。这个充满活力的花园通过大量的热带花卉、色彩各异的植物，展示了热带地区园林艺术的精髓。

空中花园的设计手法和特点：“树状”结构

整个项目共有18株“超级树”，全部位于南湾。其中有12株组成了小树丛，剩下的6株则平均分成两组，分别布置在入口广场和蜻蜓湖。小树丛上面有吊桥连接，也叫空中走道，游客在上面可以体验“空中漫步”的感觉。

“超级树”其实是特殊的空中花园，高度约为25至50米（约为9至16层楼高），在其垂直面上布满了热带的开花爬藤植物、附生植物以及蕨类等。其植物种植有几方面的考虑：要看植物是否适合垂直种植；质量是否轻且耐旱；是否能进行无土栽培等基本要素。超级树上现有品种包括：巴西灯笼铁兰、巴拿马西古拉塔铁兰，以及哥斯达尼加仙人掌等珍稀植物。

“超级树”的结构主要由四个部分组成：用于支撑超级树内部垂直结构的钢筋混凝土核心；一个附着在钢筋混凝土核心周围的钢架——树干；安装在“树干”之上，将用于种植表皮的种植板；形如倒置的雨伞，由液压千斤顶系统吊装起来的顶盖。

“超级树”除了形成植物群落和利用垂直生长的植物遮挡阳光之外，还具备多项实用性功能：收集雨水、生成太阳能以及充当公园与温室的通风管道。

徐霞客旅游博览园·茶室景观

对景与借景

业　　主：江阴园林旅游管理局
项目地点：江苏省江阴市
采　　编：盛随兵
项目类型：文化博览园
设计单位：水石国际

整体景观设计概括：碑林·博物馆·茶室

该项目以“徐霞客”为主题，以“碑林”和“旅游”为线索，整合旅游题材，强调文化交流，与江阴旅游发展定位相吻合，塑造了一个地标性的文化项目形象。其中，中国徐霞客博物馆、茶室等点睛建筑作品成为传递徐霞客名人文化的重要环节。

茶室景观的设计手法和特点：对景与借景

茶室经过提炼江南传统园林建筑的精髓，并运用现代简约的表现手法，体现了新江南风格的建筑特色。以现代手法和新材料展现空间特色，重新诠释传统文化的内涵。

茶室主要由两栋黑瓦白墙的建筑物所组成，首层中空，显得空间没有压迫感，简约而舒适。其中对外的墙面大部分采用玻璃，采光性极好。内庭则选用小石院进行分隔，犹显整个茶室休闲且雅致。茶室中各个主要功能空间布置采用了对景与借景的设计手法，使之在“路径”廊上有机却自然和谐地排布。转角的水院、石院、竹园分隔了视线带来景观的共享，也把茶室景观融入了环境之中。

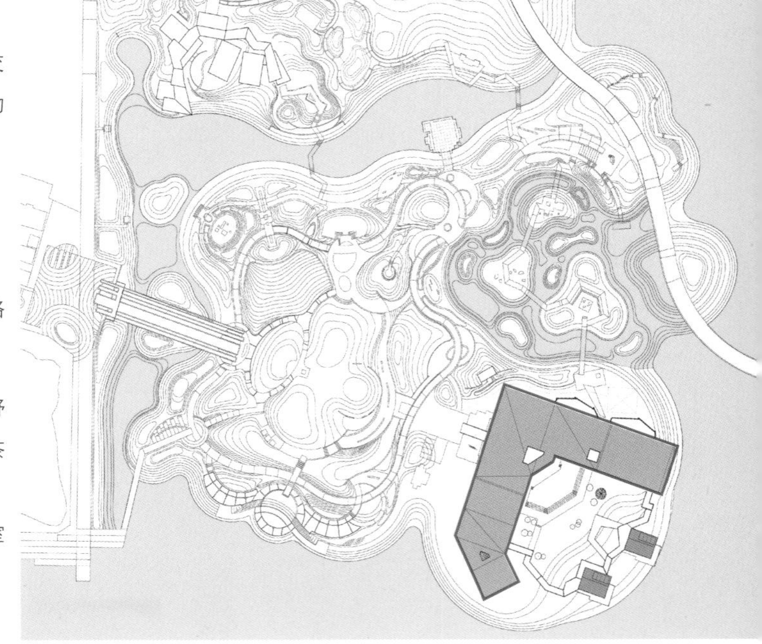

巴黎数码小站·公建设施

树状结构设计

开 发 商：JCDecaux广告公司
项目类型：公共空间
项目地点：巴黎香榭丽舍大街
设计单位：Duende Studio
设 计 师：Mathieu Lehanneur
采　　编：谢雪婷

整体景观设计概括：休闲、时尚、人文

项目座落在巴黎最美丽的香榭丽舍街道。大道中央车水马龙的繁华与大道两旁梧桐树下的悠闲相映成趣，体现着巴黎的生活与浪漫。一座能享受高速网络服务的公建“数码小站”融入轻松惬意的街道氛围，其中高科技与人性化的设计使得整体景观更显现代时尚与人文精神。

设施景观的设计手法和特点：树状结构设计

“数码小站”有着绿色生态的屋顶，看上去就像一颗树干顶端长满树叶的大树。“大树”下设置了几个可旋转的座椅供市民使用，座椅由混凝土制作，上面还有一个小托盘可放笔记本或饮料，还配备了为笔记本电脑提供的电源插座。

“树干”上挂了一面大大的数字触摸屏，提供了实时更新的各种城市公共服务信息：例如指南、新闻和互动标识等，为无法上网的游客和过路行人提供及时有效的帮助。

“数码小站”将安置在城市各个角落，成为城市建筑的一道新鲜元素。它是新一代城市公建的先驱，由从虚拟世界中衍生出来的真实形象，为人们生活带来更强的流动性、便利性与实效性。

JCDecaux

JCDecaux
JCDecaux
JCDecaux

SEB银行办公区·“前庭”设施

折叠式台地

开 发 商：SEB Bank & Pension
项目类型：办公区
项目地点：丹麦哥本哈根
设计单位：SLA景观设计事务所
采 编：罗妍婷

整体景观设计概括：都市自然

瑞典SEB银行在哥本哈根交通最繁忙的地方兴建自己的北欧总部，而SLA公司受委托设计一个能将总部大楼和周边的海港环境以及哥本哈根其他地区连接起来的一处公共空间，塑造一种都市自然观，同时融入城市环境和功能性需求。

城市沙丘的设计手法和特点：折叠式台地

该公共空间被设计成了一块绿色的，类似于开放式“前庭”的空间，设计效果就像是一个巨大的沙丘或者是雪丘滑落在建筑之间，所以有“城市沙丘”之称。

城市沙丘的建造材料是白色混凝土，借用了丹麦北部大型沙丘折叠运动以及北欧冬天雪丘的概念设计而成。台地的折叠式造型同时满足了排水、通行、园林光照以及植物生根层的功能性和技术性需要，同时也为SEB银行的职员、客户还有普通市民提供了多种通行路线，在行进过程中，空间不断变换，可以通往各个不同方向，是一个多变的有趣的城市景观。

通过混凝土折叠式的结构和多台喷雾器的设置，使得当地温度与湿度宜人，让人有身处气候凉爽的北欧自然界的感觉。狭长的排水渠将混凝土表面的雨水引流至两个大型的雨水池里集中，为树木和喷雾器提供用水。

设计师采用了落叶植物和常绿植物来体现全年水的代谢，还提升了小气候环境。树木和草本植物都种在水平面高差变化的边界上，这些植物的选择与设计目的是让人们在城市中感受自然的一种新型方式。

联邦广场·城市胶带

立体几何造型

开　发　商：Fed Square Pty Ltd
项目类型：广场
项目地点：澳大利亚墨尔本
设计单位：Numen/For Use
采　　编：罗妍婷

整体景观设计概括：创意艺术广场

联邦广场是墨尔本主要的文娱中心社区。广场西边台地16米的空隙是目前为止胶带景观的最佳安装位置。城市胶带作为大型试验性艺术等公共相关创意项目的一个部分，是南半球第一个由胶带塑造的景观。

城市胶带的设计手法和特点：立体几何造型

城市胶带的设计理念来源于丝带舞蹈的表演。舞者一边舞，一边拉动着丝带，而丝带展示着舞者在两侧之间舞动的轨迹。该项目把"胶带"比作"丝带"，以现有的建筑结构作为两边支撑点，最终形成这个胶带景观。

胶带设计的步骤：第一步：先用条形胶布把各个不同附着点之间连接起来，然后再用胶带把这些连接线缠绕起来，多层的传统透明胶带形成的筋腱结构作为框架。第二步：拉出一些直线和一些放射状的胶布，形成越来越细的胶布网，造成一个封闭面。当单维的线（一条胶带），慢慢形成一个二维平面，胶布结构会慢慢收缩，渐渐变圆润，最后达到完美的几何形状。第三步：增加胶布结构层数，让整体造型变得越来越有实感。同时由于重力作用，灵活且有弹性的结构会变弯。当参观者走进这个景观结构当中，它就会从一个景观雕塑，化身为一个建筑体。

建造该胶带所需的材料和工具是生活中常用的传统透明胶带和梯子，以及捆绑在望远镜长架上的简易胶带分隔器和小刀若干。

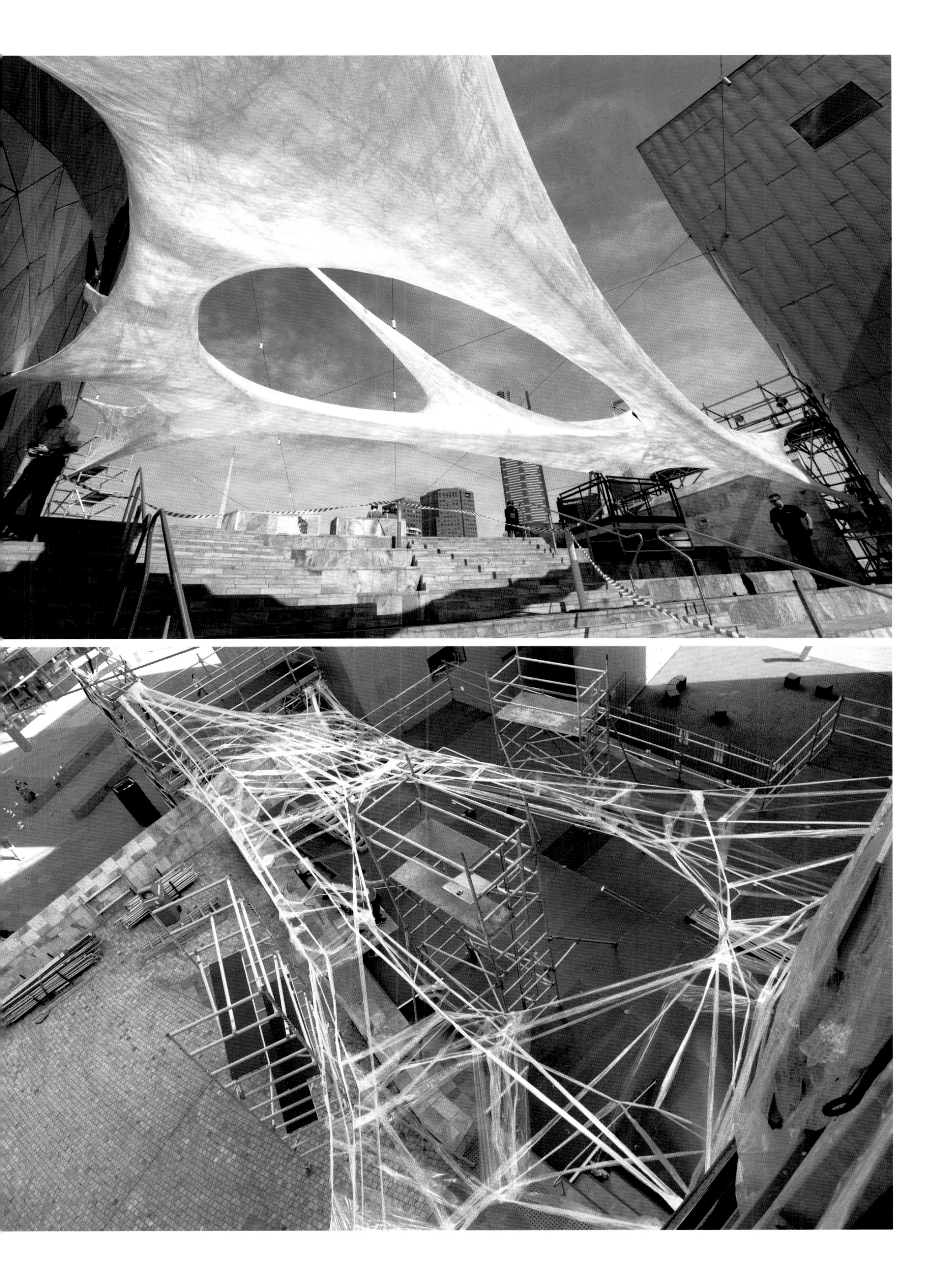

Don

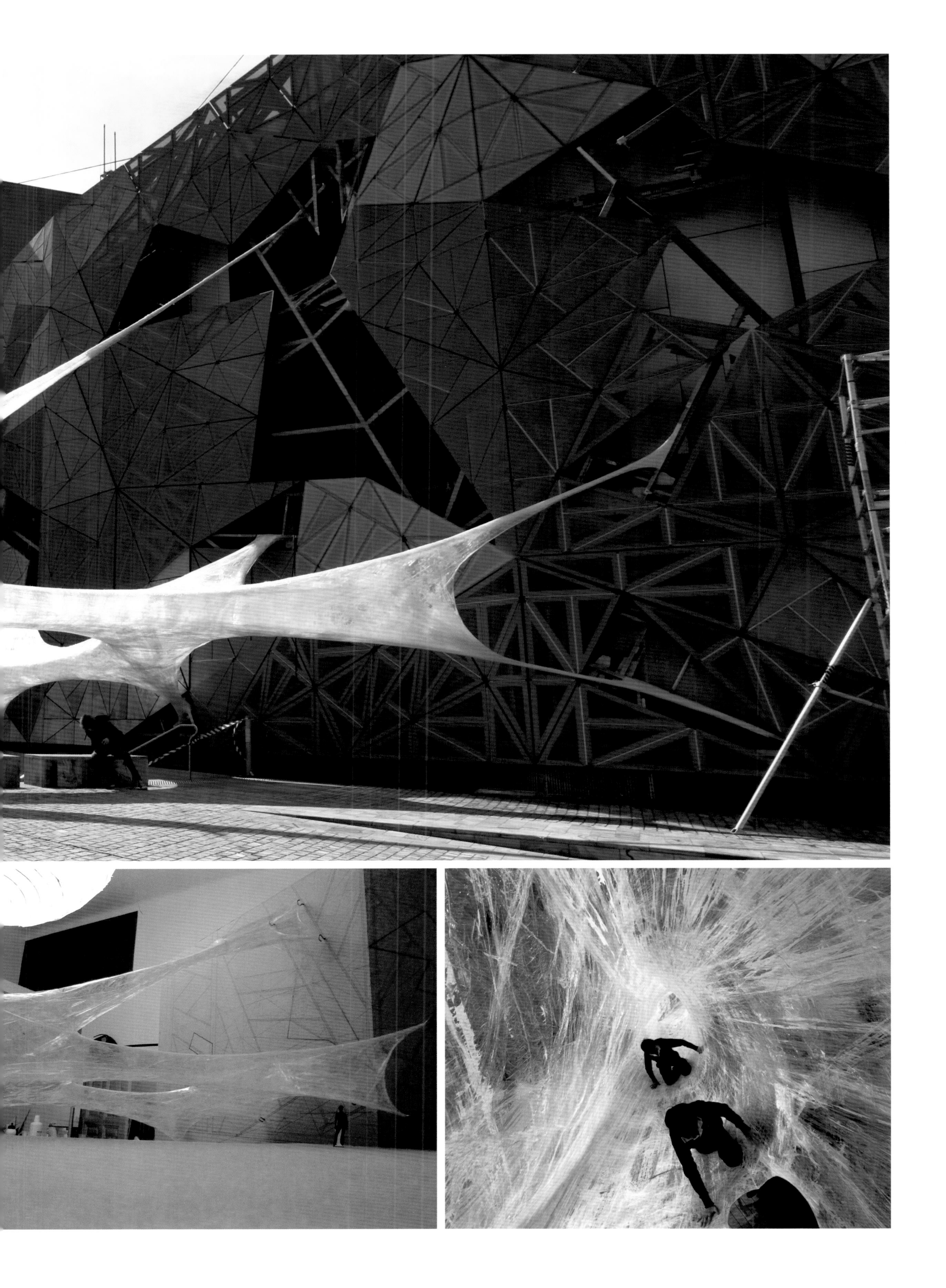

Genk C-M!Ne广场·特色座椅

折叠式设计

客　　户：比利时亨克市政府
项目类型：广场
项目地点：比利时亨克
摄 影 师：Pieter Kers
采　　编：吴孟馨
设 计 师：Hanneke Kijne、Petrouschka Thumann、Han Konings、Remco Rolvink、Ronald Bron、Hilke Flori

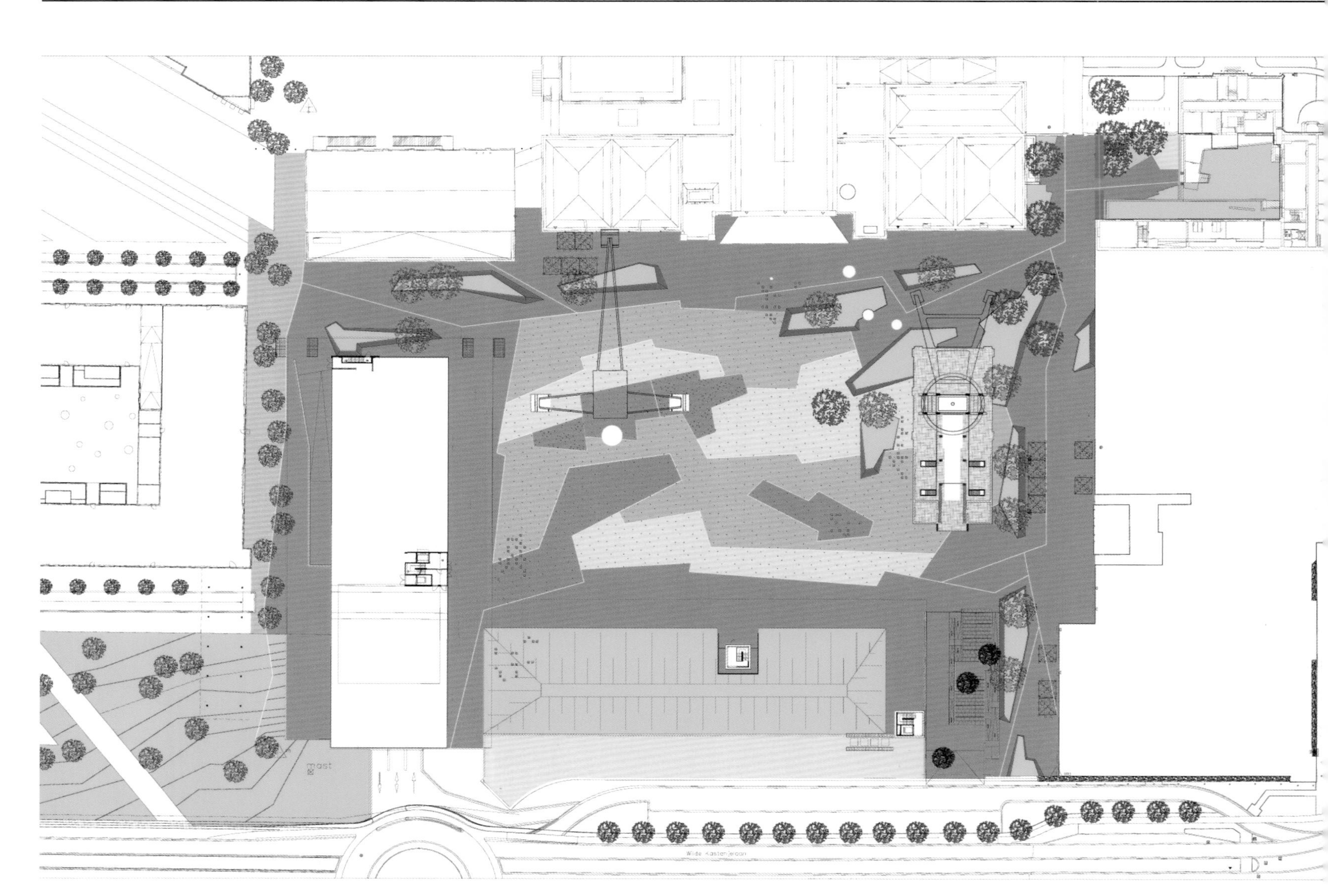

整体景观设计概括：工业衍化的广场

C-M!ne广场是一个集文化、创意、设计和休闲功能于一身的城市广场。它本身是一个煤矿地，经过重新修整和改造之后，原本与采矿相关的建筑成了文化项目的一大部分。其中包括大型剧院、电影院、餐厅和新建的亨克设计学院，并且将会安排相应的设施和空间，用作举行各种大型活动。因此，将有助于提升该广场作为亨克市文化中心的地位。

设施景观的设计手法和特点：折叠式设计

广场地面铺上了形状不规则的黑色石板（指代有“黑金”之称的煤），这些黑色石板是在开采煤矿过程中产生的废料，在这组成了不规则的图案。广场包括了地表照明、喷水、喷雾设施、矿井塔以及可方便拆卸的座椅。

矿井塔共有两座，都被重新赋予了新的用途。设计师设计了一条由旧矿井塔下方的矿井走廊发展而来的参观路线，这条参观路线非常引人入胜，穿越旧有的煤矿接待建筑，一直延伸到最新最高的矿井塔上方，可欣赏到绝佳的景观。

因广场是市文化中心，需举办各种大型活动，所以座椅采用了特殊的装置，能够方便的拆卸以腾出更多空间。且座椅不同的排列方式满足了不同行人的需求：可以和旁边的人紧挨着坐，也可以各自单独坐；可以面对面坐，也可以背靠背坐。用折叠式的不锈钢板制成的椅子和凳子如钻石般闪耀，与黑色地面的广场形成鲜明对比。这些座椅的内部和后面都涂上了红色的粉末涂层，涂层下方有灯光照明，在夜间，会发出一种温暖的光晕包围着座椅，营造浪漫温馨的情调。

座椅“Single Scatter”由Carmela Bogman联合HOSPER担纲设计；广场灯光方案则由Painting with Light负责；而广场的设计和施工由HOSPER联合比利时公司Atelier Ruimtelijk Advies完成；比利时公司NU architectuuratelier则设计了C-M!ne的探索活动部分。

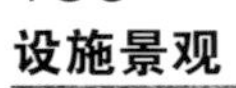

江苏睢宁县徐宁路·流云水袖桥

行云流水

甲　　方：睢宁县规划局
项目类型：公共设施
项目地点：徐州市
设计单位：北京土人城市规划设计有限公司
设 计 师：俞孔坚、金园园、宁维晶等
采　　编：张培华

整体景观设计概括：结合功能与形式美

流云水袖桥通过简单而优美的市政元素，将复杂的城市功能和空间结构整合在一起。桥位于江苏睢宁县徐宁路，跨越横穿城市的快速干道和多个水系，连接县城核心区的广场和马路对面森林公园。主桥全长635米，总建设长度869米，总面积2 700平方米。4道辅桥总长242米，桥面宽度2.5米至9米之间不等，桥面坡度0.4%至12.6%之间。流云水袖桥过路面保证净高4.5米。水袖桥将城市景观元素的功能和形式完美结合起来。

景观桥的设计手法和特点：行云流水

流云水袖桥最初为加强和合广场与森林广场的联系而建，使得被快速道——徐宁路划开的两大城市开放空间重新整合起来，避免了车流和人流平面相交时的冲突，保障人们的穿越安全。在满足功能需求的前提下，设计紧扣“水”这一大主题，从舞动的水袖之流畅柔美形态中获得灵感。在三维空间中婉转起伏，创造出行云流水般的美感。此外，精心的灯光设计将这条流云水袖桥能更自由舒畅地挥舞在城市广场、水体和林地的上空。

哈尔滨雨阳公园·步道桥

立体化步行网络

业　　主：哈尔滨群力新区开发办　　**项目地点：**哈尔滨　　**采　　编：**盛随兵

项目类型：公园　　**设计单位：**上海栖城景观规划设计有限公司

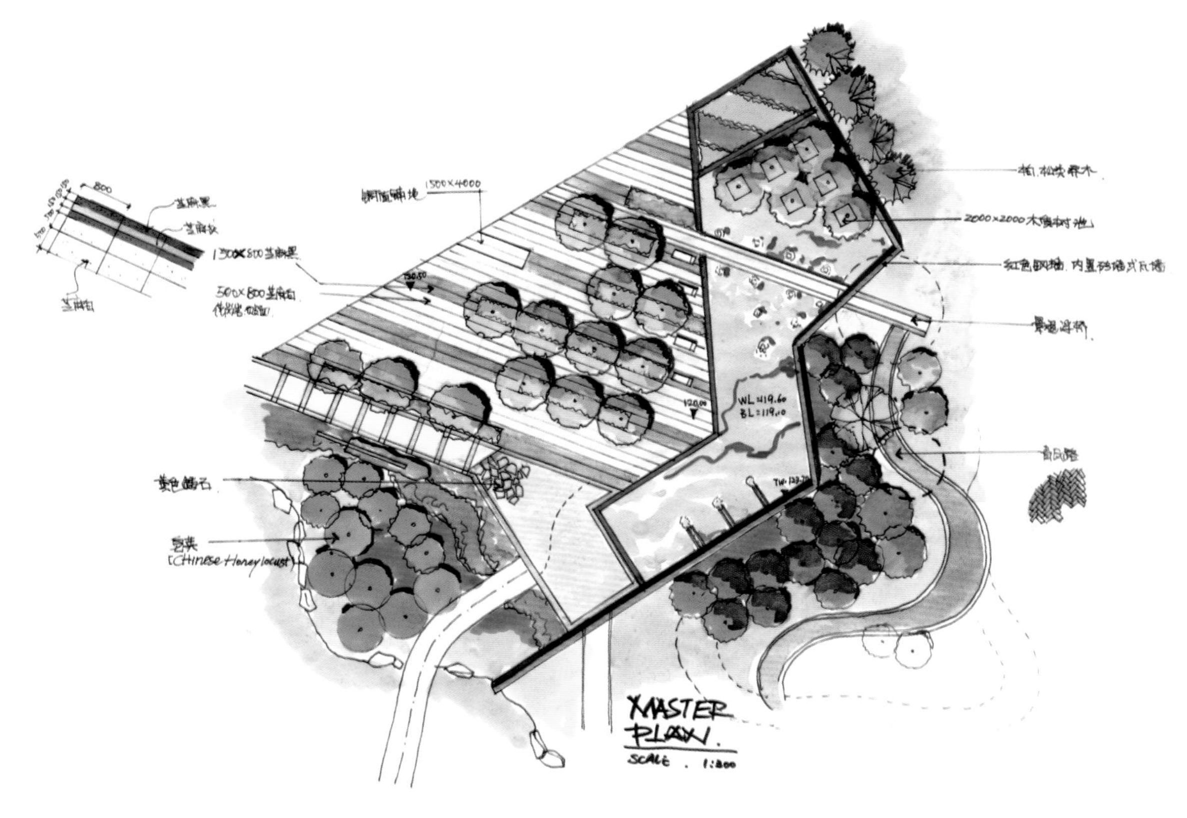

整体景观设计概括：生态节能主题公园

雨阳公园总用地面积4.9万平方米，绿地面积2.9万平方米，水域面积1.6万平方米，道路广场占地面积3 800平方米，建筑占地面积200平方米。公园现状地形为南高北低，核心为湿地、芦苇和鱼塘。雨阳公园象征着雨水和阳光都适宜，设计利用有限的场地塑造丰富多样的景观，营造一个富于绿色气息、功能合理的节能主题公园。

雨阳公园规划设计本着低维护、可持续、原生态、自然浪漫等原则，在园内园林绿化初步设计上，优先选择黑龙江省乡土植物品种，植物搭配注重常绿与落叶、阔叶与针叶、乔木与灌木、地被与缀花草坪相结合，形成丰富的植物层次，并且疏密有致。

步道桥的设计手法和特点：立体化步行网络

作为本案核心景观之一的步道桥，在其设计中建立了立体式的步行系统，并从活动者的角色来进行设计，强调场地中人的充分参与性和互动性。

该设施建设全部遵循节能原则，步道板全部采用具有透水功能的地砖，照明则利用微电脑自动控制灯光，按照季节和昼夜不同自动控制开关灯时间。

在园内景观小品的选择上，均选用造型古朴，材质自然的形式，如绿地中的自然置石、枯木等，体现节能、生态的原则。

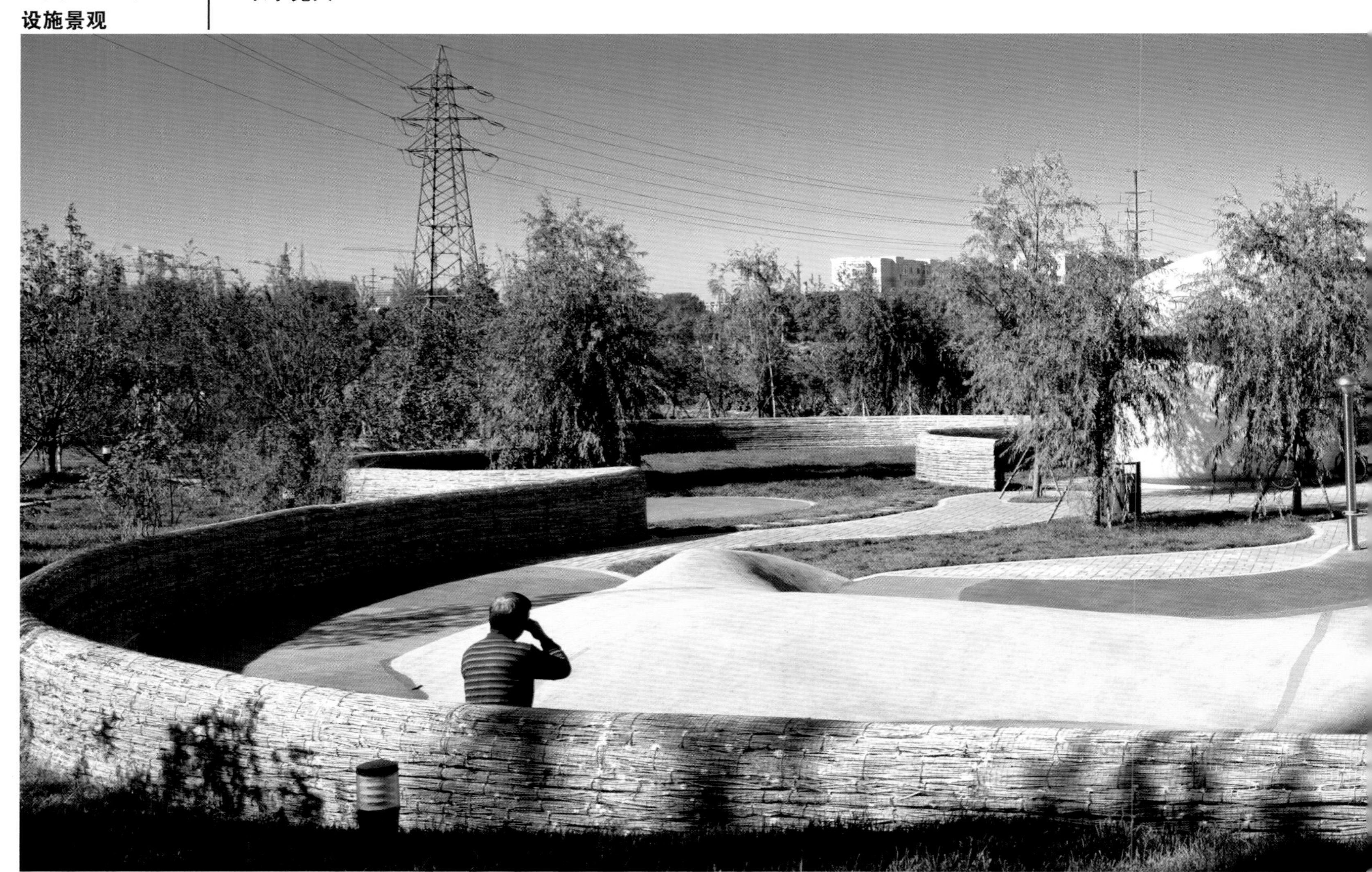

群力国家城市湿地公园·木栈道

架空设计

开 发 商：哈尔滨综合开发建设有限公司
项目类型：公园
项目地点：哈尔滨
设计单位：北京土人城市规划设计有限公司
设 计 师：俞孔坚、宋本明、李宏丽、龙翔等
采　　编：张培华

整体景观设计概括：原生态湿地景观

公园占地340 000平方米，为城市的一个绿心。场地原为湿地，但由于周边的道路建设和高密度城市的发展，导致该湿地面临水源枯竭，湿地退化，并将消失的危险。本案设计的意图是将该濒临消失的湿地转化为雨洪公园。

公园在设计上采用了“生命细胞”的先进理念，即将城市湿地公园视为一个大细胞，在人工湿地公园外以乔、灌木相结合种植林带，屏蔽外来干扰，形成了牢固的“细胞壁”。在原生态湿地外围，防护林带内修建一系列泡状人工湿地，将原生态湿地视为“细胞核”，人工湿地视为“液泡”，为原生态湿地提供养分。

休闲步道景观的设计手法和特点：架空设计

在城市公园内，步道是游客游览的主要通道，它的设计不仅影响公园的视觉美观性，游客的行为体验性，更是对整个生态环境的一种挑战。因此在设计步道时应尽可能多地将周围植物、土地形式以及沿途风景包括其中。为突出该段的自然风景，项目采用仿木混凝土柱架空，上铺木板，形成架空木栈道，利用木板栈道的衔接来达到铺面变化的自然性和协调性。

通过保存场地中部的大部分区域作为自然演替区，沿四周通过挖填方的平衡技术，发明出一系列深浅不一的水坑和高低不一的土丘，成为一条蓝-绿项链，形成自然与城市之间的一层过滤膜和体验界面。沿四周安排雨水进水管，收集乡村雨水，使其经过水泡系统经沉淀和过滤后进入核心区的自然湿地山丘上密植白桦林，水泡中为乡土水生和湿生植物群落。

群力国家城市湿地公园
Qunli National Urban Wetland Park

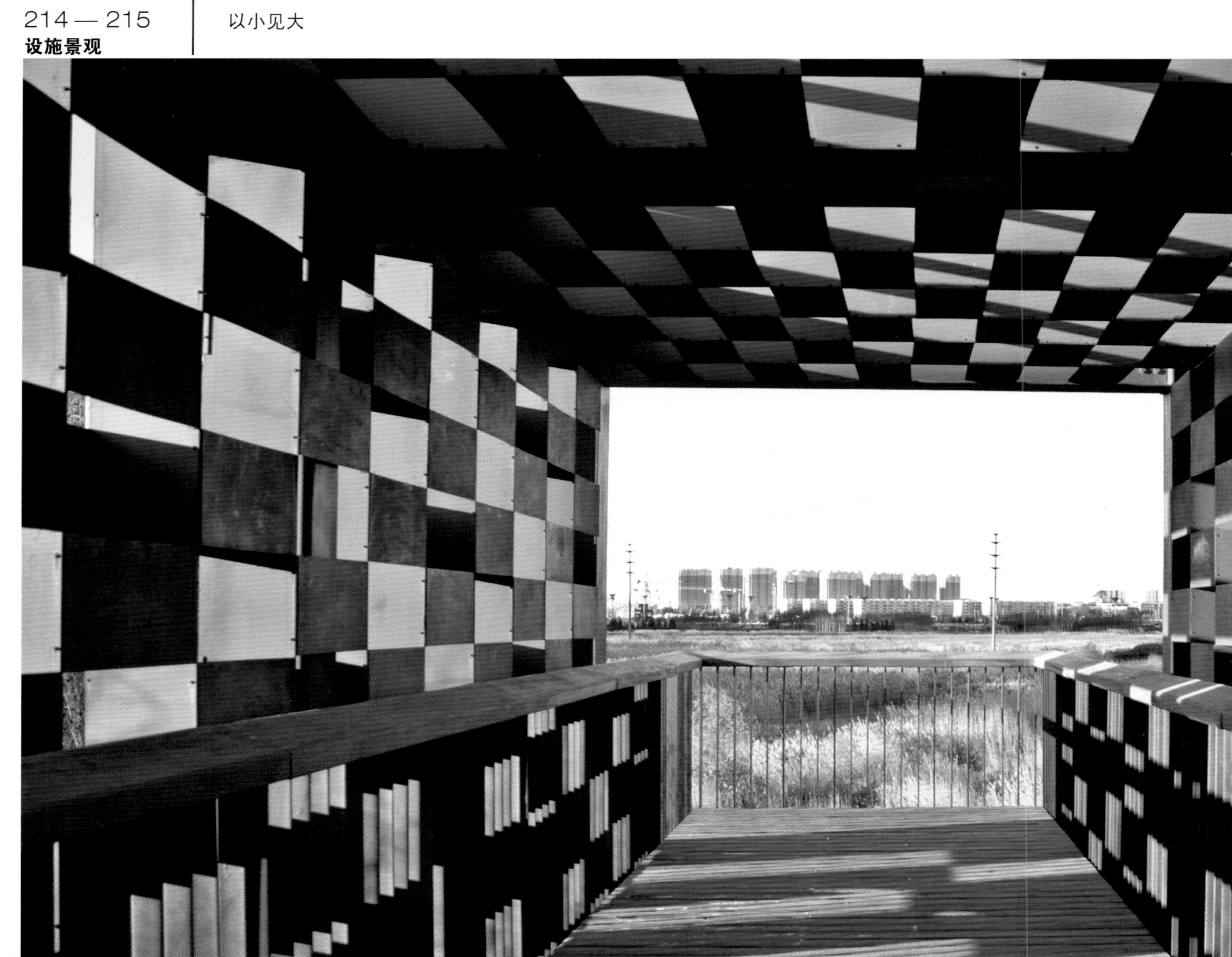

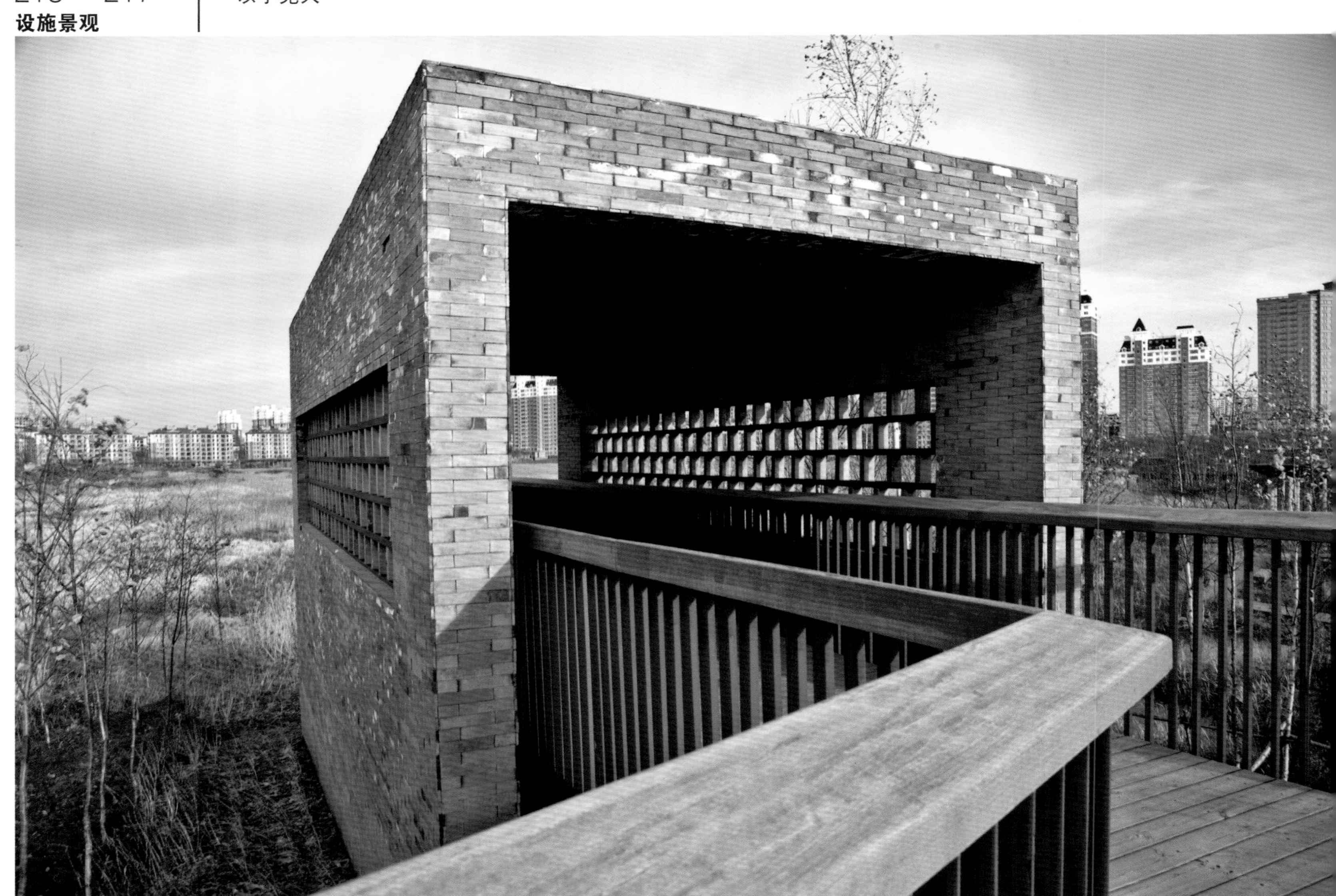

香格里拉植物园 · 五大展区

生态教育功能

开 发 商： Nelda C. and H. J. Lutcher Stark Foundation
项目类型： 公园
项目地点： 美国德克萨斯州
设计单位： Jeffrey Carbo Landscape Architects, Alexandria, LA
设 计 师： William T. Arterburn
采　　编： 张雅林

整体景观设计概括：生态多样性

香格里拉植物园位于德州东南部，占地约1 019 807平方米。该园拥有山茱萸树、松柏、静水湖、候鸟群、花园，是一个有着极高生态多样性地块，也是一个区域景观和动物栖息地的环保意识和教育中心。

设施景观的设计手法和特点：生态教育功能

通过游客中心、静思亭、儿童园和多个教育展区来设计植物园的路线，强调了自然中的艺术。

游客中心由多个环绕在功能性景观区周围的小型建筑组成，形成了一个面向植物园的开放式门厅，展示了大量环保性措施。

静思亭中央的装饰是一块木化石。亭下水池的雨水从被抽到亭子上方，再循环流下来，重新回到水池中。园中的雪松树在飓风灾害中倒下了，现在重新循环用作葡萄藤架，用葫芦和蓝色空瓶子装饰。

从游客中心可以到达儿童实践园，这是以自然为主题的教育展，里面有孩子可以参与的动手设施，还可以了解植物的生长过程，例如移植幼苗。

离地设计的栈道从游客中心、静思亭和儿童实践园中延伸出来，穿过长满水生植物的湿地，到达小船屋。栈桥的形状类似于圆形，将树木包围起来，外围采用蚀纹面板和回收的塑料材料装饰。

观鸟亭位于静水湖之上，游客可以在此观赏园中各种候鸟。

鲍威尔街人行道 · 栏杆与长椅

流线型铝质设计

开 发 商：Union Square Business Improvement District
项目地点：美国
设 计 师：Walter Hood, ASLA
项目类型：公共空间
设计单位：Hood Design
采　　编：张雅林

整体景观设计概括：现代都市风情

位于美国三藩市中心的鲍威尔街，是美国最繁忙的人行区之一，仅次于纽约的时代广场，每个周末的人流量高达25 000-35 000人次。鲍威尔街人行道是鲍威尔街的一个延伸，宽2.07米，横跨埃利斯街和吉尔里街两个城市街区，街接三藩市联合广场。

项目建设一共占用了418.06平方米的街道停车空间，并用行人活动区来取代。项目的设计范围包括设计和安装新的散步道铺装，街道设施和两个街区周围的绿化。

街道设施景观的设计手法和特点：流线型铝质设计

鲍威尔街原是一条通向景观点的过街走廊，在保留其现有的标志性样貌的基础上，通过对人行道的改造使该街道提升成为一道城市景观。设计将人行道表面铺装和设施相结合，在缆车和商店街面之外，给游人带来新的感受。

新的人行道路面上设有很多一段段的防滑铝质栅栏，并有木配件点缀。铝质栅栏的中间间隔3.2-4.8毫米之间，既符合ADA批准的路面要求，同时也可以用作路面排水功能。栅栏结构还同时连接着用铝制成的长椅、种植池、栏杆和3.66米高的塔楼，看起来就好像是从地面冒出来的雕塑一般。白天，塔楼顶端的光伏板吸收太阳光发电，然后存储起来，供街面上的LED照明和免费的Wifi信号收发站使用。照明设施内置在栅栏下方，在热闹的夜间营造一种光晕效果。整条街两旁都种上了耗水量低的本地植物，吸引行人驻足。

seven
WOULD YOU HAVE A DRINK WITH YOU?
THE MOST ORIGINAL PEOPLE
ORIGINAL VODKA
HERBERT
HOTEL
DSW SHOES
FOREVER 21
CHIPOTLE
LIQUORS
STARBUCKS COFFEE
O'FARRELL

POWELL
AND
MARKET
11
FISHERMANS
WHARF
HOTEL

ELLIS

RASPUTIN MUSIC · DVDS
Desigual
Clearance

SF SOUVENIRS & LUGGAGE
BURGERHOUSE
PIZZA
O'Farrell

H&M

WORLD OF CHARMS
LUSH

ATM

黄土园·陶泥塑

黏土制作

项目类型：公园
项目地点：陕西西安
设计单位：SLA景观设计事务所
设 计 师：Stig L Andersson
采　　编：罗妍婷

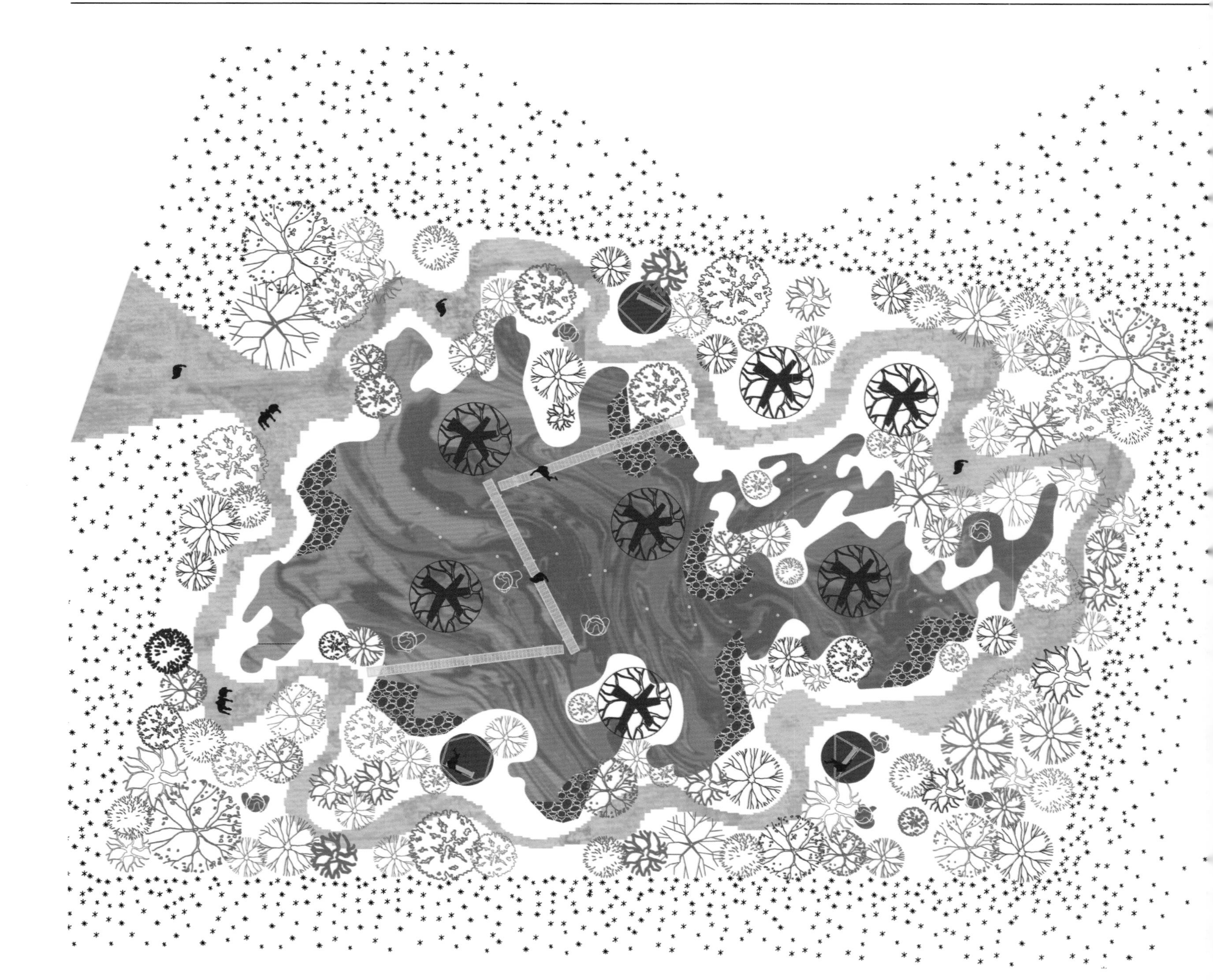

整体景观设计概括：以“黄土文化”为概念

黄河肥沃的粘土有三千年的历史，形成了蕴含中国陶艺、建筑材料的艺术文化。设计师创作的黄土园，位于黄河支流渭河河畔的粘土平原之上的郊区，是运用黄土、喷泉、石雕、泥塑等展示黄土地的自然气候、植物特色，以及文化理念。

设施景观的设计手法和特点：粘土制作

黄土园以粘土为主要元素，通过一个不规则的平底水池组织起来。水池占地315平方米，深度只有40厘米。游客可趟过浅水池，也可观赏水面中周边景色的倒影：树木、天空和游客等。当水池干涸时，粘土便开始龟裂，犹如月球的表面。当喷泉湿润干涸的地面时，宛若黄河的眼泪在园中的土地上流淌，最终使粘土又恢复原状。

该园摆设了9个釉红色的手工赤陶泥塑，成为最特别的亮点。窄窄的小桥横贯粘土地，桥边有亮黄色的金属栏杆。桥分三段，走向各不相同，看起来就像一个大大的“Z”字形。在走道旁，一共设置了三个休息点。每一个都含有一个砖地休息台，看起来就像传统庭院墙面上挖空用来通风、透光的月形孔。走道两旁设有低矮的护柱，并用冷艳的蓝色灯光勾画出走道流水般的弧度。纤细的暗角采用向下照明的金黄色聚光灯，照亮部分树木和地面的植物。

利马桥镇公园·临时景观设施

“蜂巢”造型

开 发 商：Municipality of Ponte de Lima
项目类型：公园
项目地点：葡萄牙利马桥镇
设计单位：X-REF, Architectural Research & Development
设 计 师：Goncalo Castro Henriques
摄 影 师：Alexandre Delmar JF Fotografia
采　　编：吴孟馨

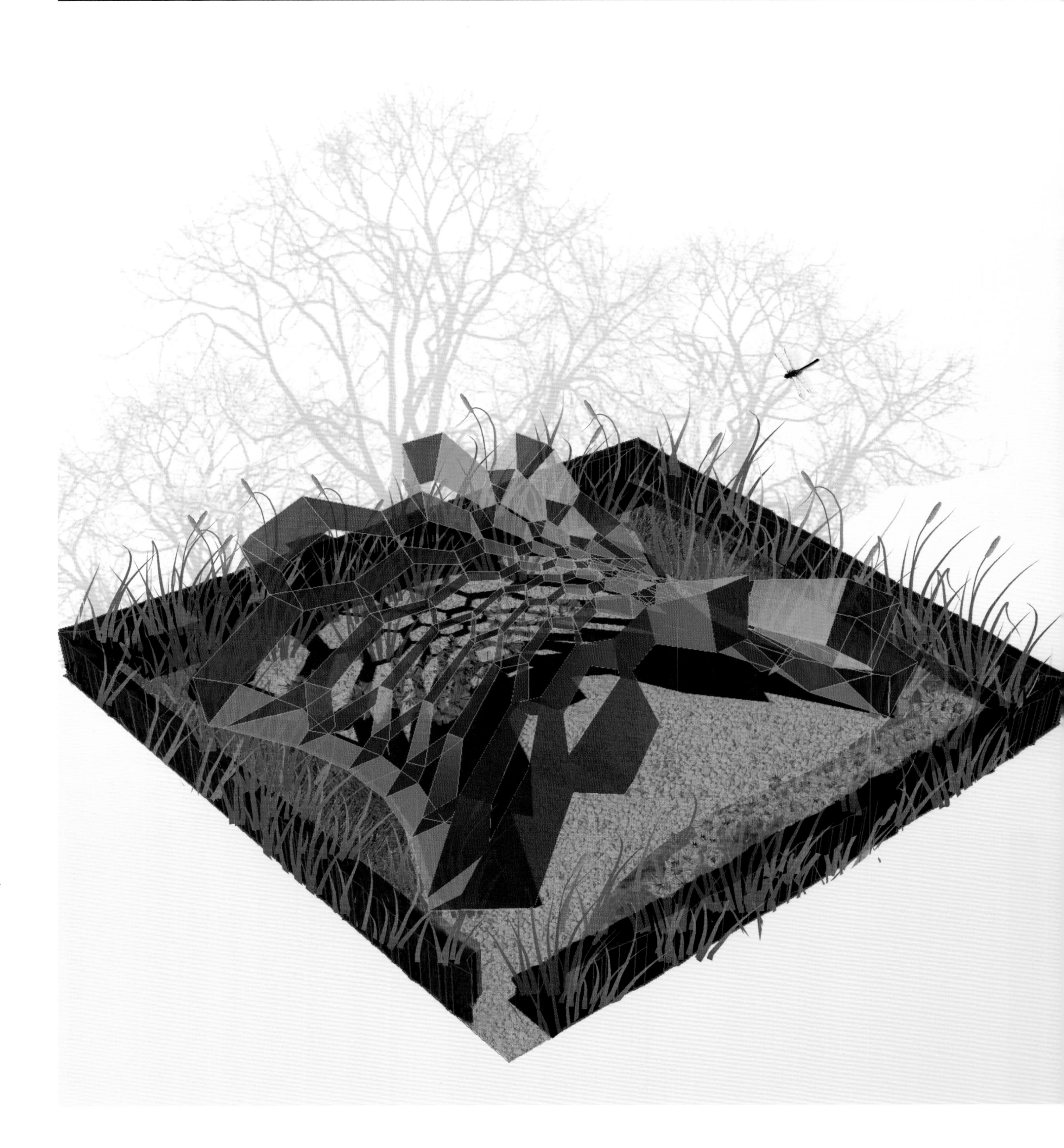

整体景观设计概括：田园风格

利马桥镇公园保持着旧田园风格，意为在被混凝土统治的城市保留一块自然的土地。它包含四大区域：游泳区、休闲区、花园盛典区以及停车场。该镇每年都会在公园的花园盛典区举办一次来自世界各地的建筑师、景观设计师和艺术家的作品组成的世界花园节。

设施景观的设计手法和特点："蜂巢"造型

该设施是一个临时性的景观，目的是为游客提供荫蔽。设施使用了很多芳香植物来营造一种梦幻般的氛围。外形以蜂巢作为基点，辅以透明的材料制造，突出了光线与色彩的动态感。

整个设施的设计都预先通过了电脑图画以及数据结构规划。它是人与自然、工艺的完美结合，设计新颖，用高分子聚酯营造出轻盈体态。蜂巢的六边型是用具有抛物线的拱型、弯曲的外表层结构以及特殊的材质改编而制成的。整个结构如拱形桥，各个方面相互支持，互成犄角。底部蜂巢脊柱较为巨大，作为支撑点，慢慢往上变小变轻。所有这一切都依靠数码技术来实现。

在建筑的底部还做了延伸设计，底部设有金属连接器以及有线电缆，一旦接通电源，整个建筑栩栩如生，是人类与自然完美和谐、技术和生态艺术结合的具体表现。

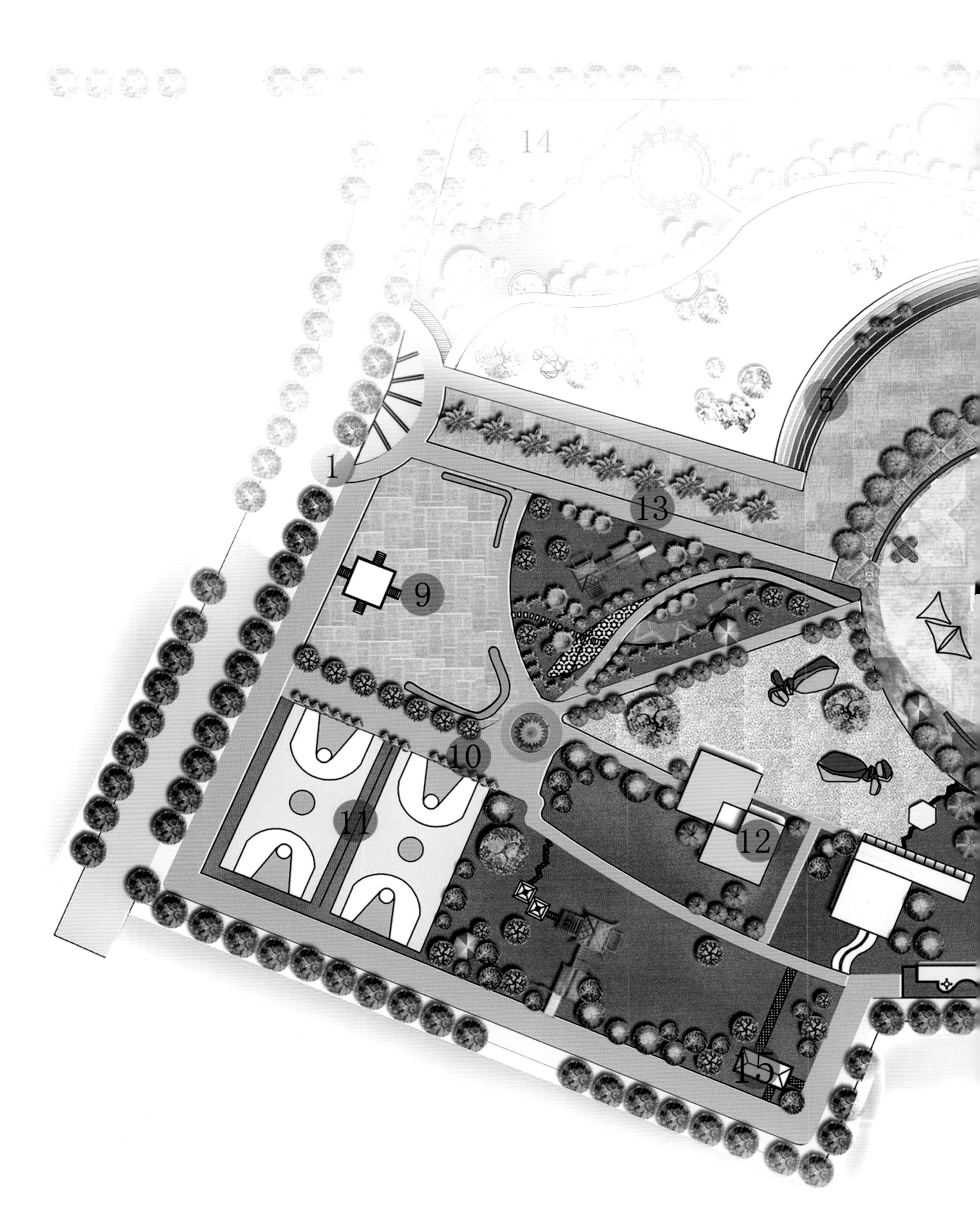
14
5
1
13
9
10
11
12
15

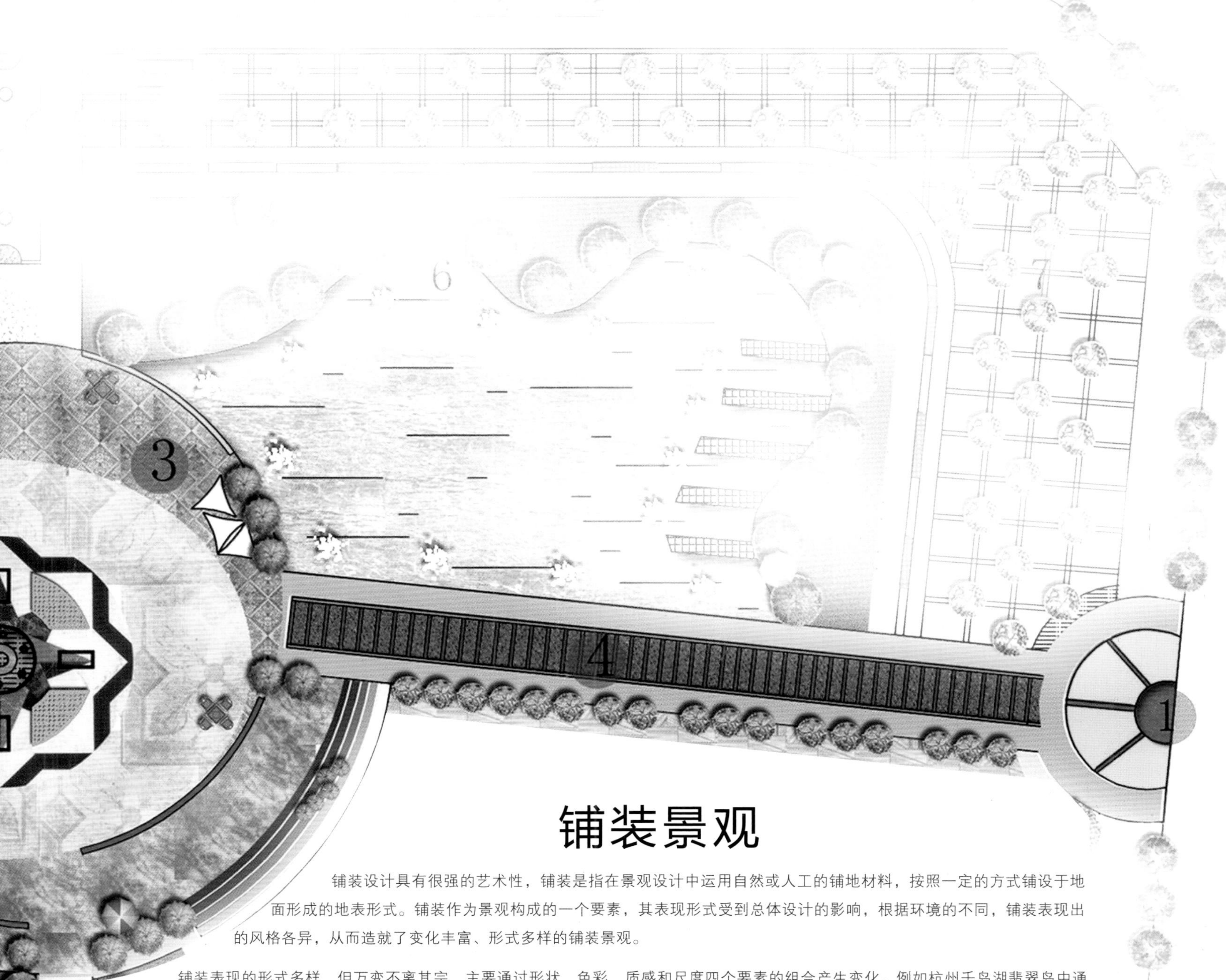

铺装景观

铺装设计具有很强的艺术性，铺装是指在景观设计中运用自然或人工的铺地材料，按照一定的方式铺设于地面形成的地表形式。铺装作为景观构成的一个要素，其表现形式受到总体设计的影响，根据环境的不同，铺装表现出的风格各异，从而造就了变化丰富、形式多样的铺装景观。

铺装表现的形式多样，但万变不离其宗，主要通过形状、色彩、质感和尺度四个要素的组合产生变化。例如杭州千岛湖翡翠岛中通道材料以建筑材质色彩和质感为基础，采用粗犷与细腻的对比衬托内院景观的精致度；重庆华润二十四城由于整个项目属于Artdeco风格，色调偏暖黄色，因此地面铺装也相应的选择了黄锈石；迪拜Downtown Jebel Ali的广场铺装采取半圆型石质铺装设计，通过灰白相间的色彩搭配，使广场呈现出简约时尚感。

在景观设计中，铺装是不可忽略的组成部分，在营造空间的整体形象上具有极为重要的作用。良好的景观铺装对空间往往能起到烘托、补充或诠释主题的增彩作用，利用铺装图案强化意境，铺装使用文字、图形、特殊符号等来传达空间主题，加深意境，在一些纪念性、知识性和导向性空间意义深远。

Private Residence · 庭院铺装

由点到面

项目类型：别墅
项目地点：澳大利亚
设计单位：澳派景观设计工作室
项目面积：2 170平方米
采　　编：盛随兵

整体景观设计概括：热带滨海景观

本案由两幢独栋别墅连接而成，通过高品质的材料、精心的细节处理、别具一格的空间层次编排，使建筑与整体风格协调一致，从而使这座海边别墅形成独特的个性气质。沿着木栈道从别墅一路走向游泳池，游泳池和防浪堤旁栽种着喜光照、耐盐碱、抗海风的低矮植物，将室外的海景延伸至室内。

庭院铺装景观的设计手法和特点：由点到面

下沉式庭院、神秘的喷雾、巧妙搭配的植物、细心打造的结构细节、对海景的框景处理，共同营造出私家别墅花园精美绝伦的美感。

一片宽阔的阳光草坪和一系列规整的庭院天井连接起两幢独栋别墅。每一个天井都有不同的主题与使用功能，整个庭院也从特色的情景空间一直延伸到正式的会客场所。

“雕塑庭院”是一处非常美丽的花园空间，石灰石板隐藏在郁郁葱葱的植被之中，时隐时现，形成丰富的视觉效果。

下沉式的入户花园之上设有一道美丽的玛瑙石铺面的景观桥，跨越在水景池的上方。景桥的北侧设有一道精致的玻璃竹子雕塑，南侧则栽植着生机盎然、挺拔秀丽的紫竹。设计师还运用从下沉空间向上打光的射灯以及喷雾效果，为经过景观桥的人们创造一份意想不到的奇妙感受。

千岛湖翡翠岛 · 内院通道

梯状木质与石材相结合

开 发 商：杭州通盛房地产开发有限公司
项目类型：别墅
项目地点：杭州
设计单位：杭州安道建筑规划设计咨询有限公司
设 计 师：徐路、夏芬芬
采　　编：盛随兵

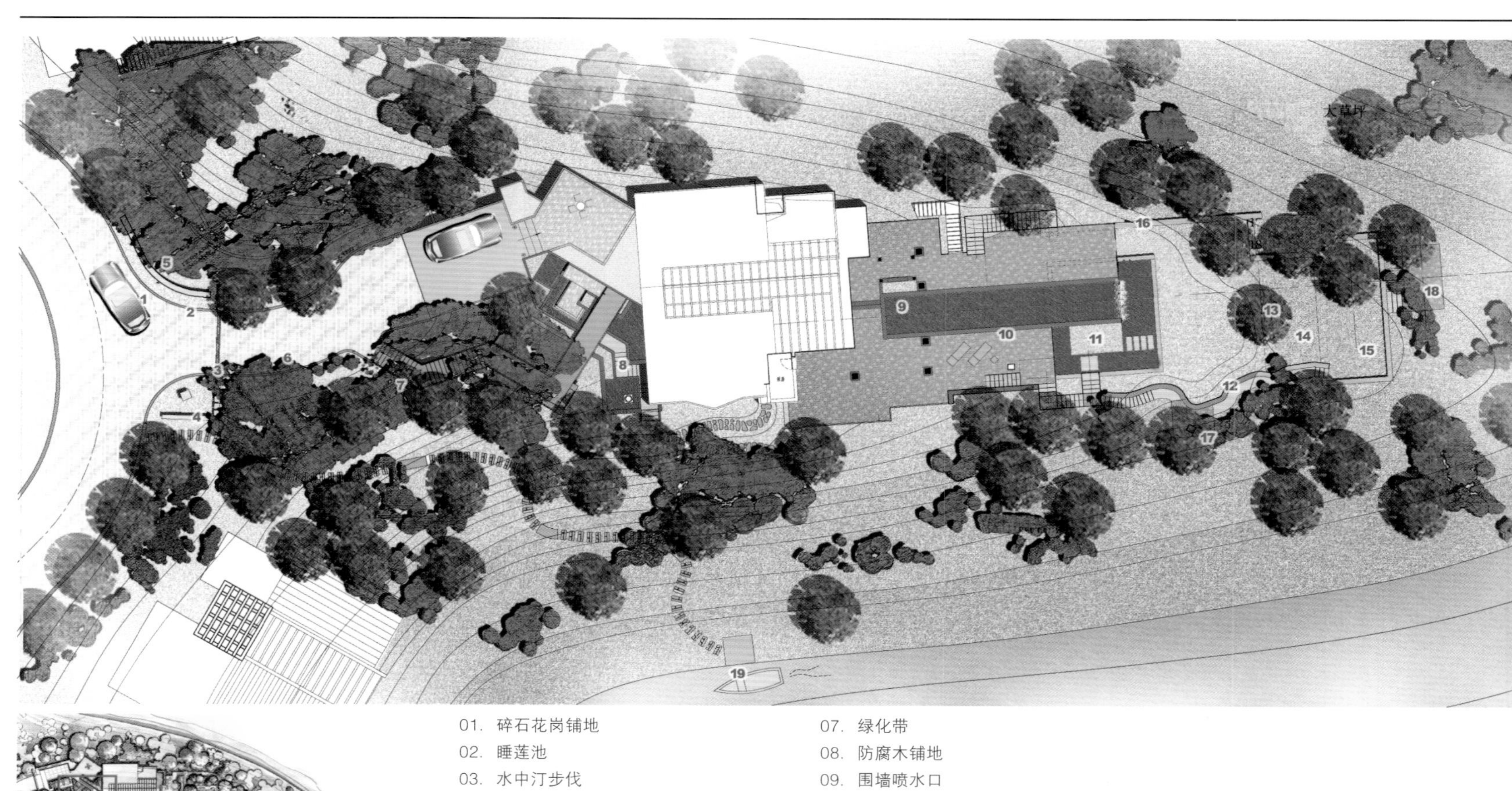

01. 碎石花岗铺地
02. 睡莲池
03. 水中汀步伐
04. 休息区
05. 树池
06. 观赏鱼池
07. 绿化带
08. 防腐木铺地
09. 围墙喷水口
10. 卵石池底（浅水区）
11. 观赏盆景
12. 花岗岩台阶
13. 黄锈石自然面围墙

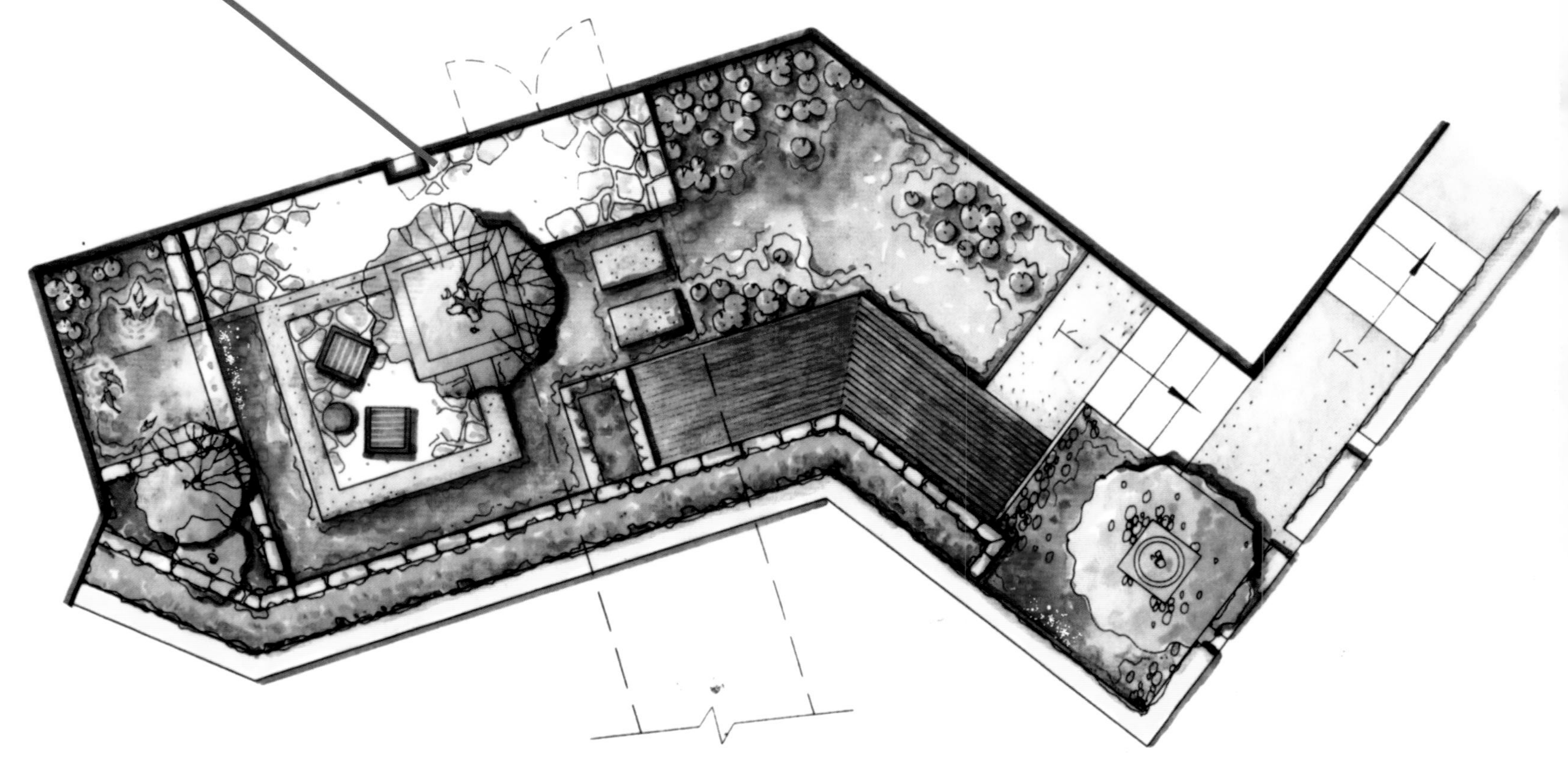

整体景观设计概括：原生性坡地景观

翡翠岛原始生态完整，植被丰富，四面环水，与城区跨桥仅距160米。岛屿地势总体北高南低，由北向南呈珊瑚状分布，地势起伏较大，平均坡度为30度—45度；环望岛屿，景观随视线变化而呈现出多姿多彩的影像。

保持环境的原生性是本案景观设计的出发点，为每一户设计最佳视野，是本案景观设计的目的。别墅以连绵的岛屿为背景，坐落于向湖面伸出的山脊上，使得景观区域有了极佳的景观视点。山体的植被以高大的松林为主，穿插了低矮的乔灌木。挺拔高大向天空伸展的树干强化了岛屿良好的生态面貌。与山水共生因地制宜，借势造景，突显景观价值。

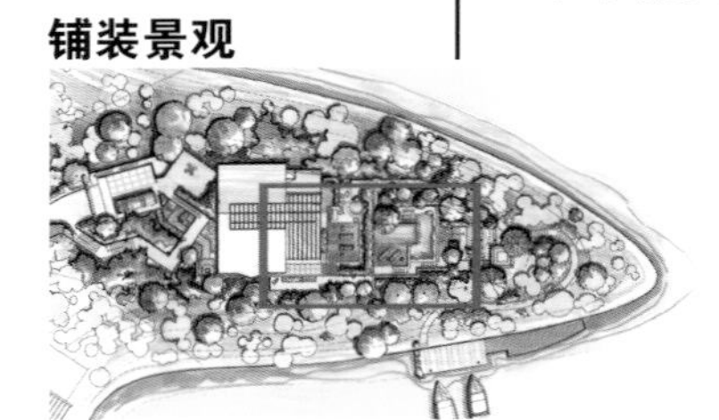

01. 溢水泳池（深水）
02. 跌水泳池（浅水）
03. 卵石散置接水槽
04. 池边休息座椅
05. 木台休闲躺椅
06. 架空层灌木带
07. 淋浴房
08. 特色浮雕
09. 沙发休闲区
10. 睡莲平台
11. 眺望平台
12. 台阶踏步

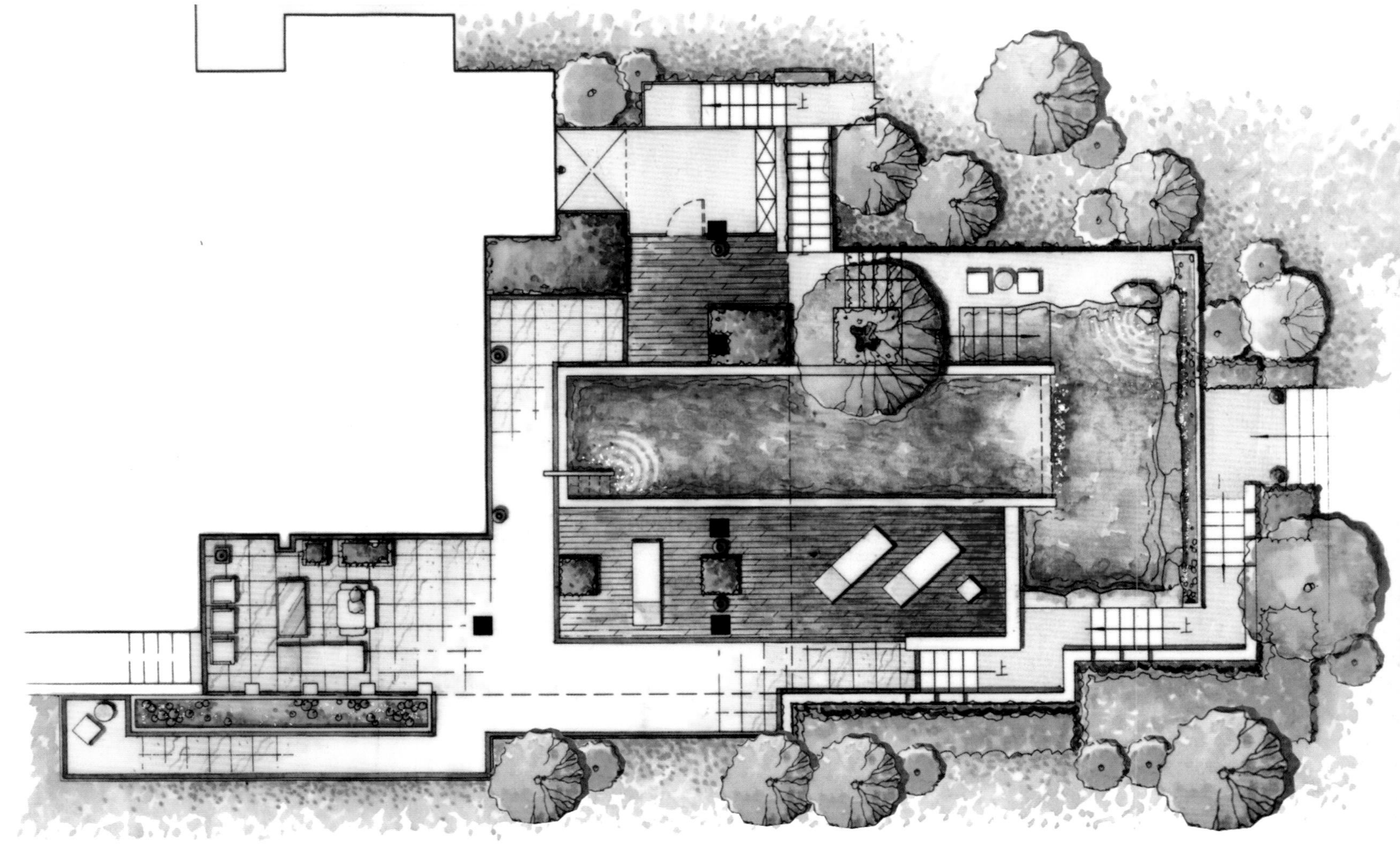

内院通道景观的设计手法和特点：梯状木质与石材相结合

本案的核心景观设计以建筑特质和空间形态为依据，根植于当地特色与文化背景，结合场地气候特征来构建新的休闲度假景观，使小景与大景相融，创造优美而富有人性特色的宛若天生的景观。

别墅位于山脊顶端，三面临水，形成一个向外的景观空间，而在西面入口木栈桥下设置了内院，这个半封闭的空间有着精致别样的江南味道。依据地形设置的台阶让竖向立体空间变得丰富多样，各种植物的配置以及硬质空间的设立都是独具匠心。

通道材料以建筑材质色彩和质感为基础，采用粗犷与细腻的对比衬托内院景观的精致度。另外，在尊重原生态植被的基础上补种适量观花赏叶的当地树种，注重景观的时序变化。

华润重庆二十四城·入口广场铺装

曲直交错

开 发 商：华润置地（重庆）有限公司　　**项目地点**：重庆市　　**采　编**：李忍

项目类型：住宅　　**设计单位**：普梵思洛（亚洲）景观规划设计事务所

整体景观设计概括：Artdeco风格景观

华润二十四城通过对现有的人文、自然元素的归纳和整理，以现代技术和理念进行创新改造，延续传统的城市风貌，使项目与周边的城市肌理和谐而又富有新意的共存。景观统一于建筑属Artdeco风格，空间在大气的轴线空间基础上，结合地方特色，构造出不同的小空间及小庭院，更好的丰富了整个空间。

铺装景观的设计手法和特点：曲直交错

项目的景观道路结合了直线与曲线，轴线上采用对称的手法。轴线道路通过同一种材料不用面层的拼贴组合；回家道路则采用灵活的曲线方式与不收边的现代处理方法，使得设计上有个传承和过渡。入口广场和轴线上采用独立设计的拼花方式，把黄锈石的不同面进行组合，色彩统一。园区内用的是不收边的变化设计，适合当前社会的现代审美观。

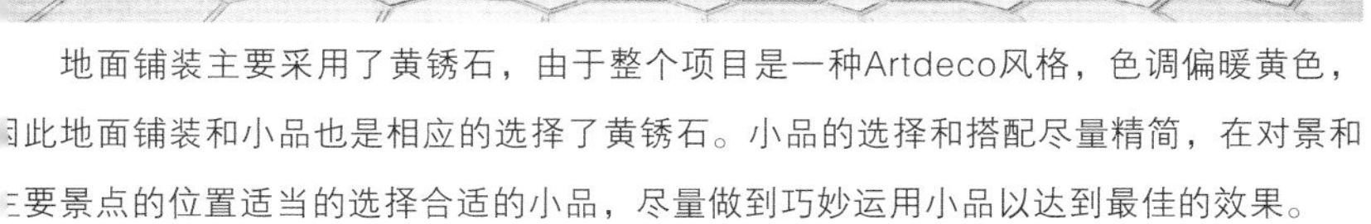

地面铺装主要采用了黄锈石，由于整个项目是一种Artdeco风格，色调偏暖黄色，因此地面铺装和小品也是相应的选择了黄锈石。小品的选择和搭配尽量精简，在对景和主要景点的位置适当的选择合适的小品，尽量做到巧妙运用小品以达到最佳的效果。

植物选择上，尽量选择乡土树种，入口及轴线上采用银杏、香樟，强调其入口的感觉。在园区，采用黄葛树、广玉兰等适应性强的当地树种，在一些墙角和立面位置更是大胆地采用柏科类绿篱来强化绿色效果。

717 Bourke Street · 铺装景观

“地毯”式无缝连接

业　　主：ProBuild & PDS 集团
项目类型：综合体
项目地点：澳大利亚墨尔本
设计单位：澳派景观设计工作室
采　　编：盛随兵

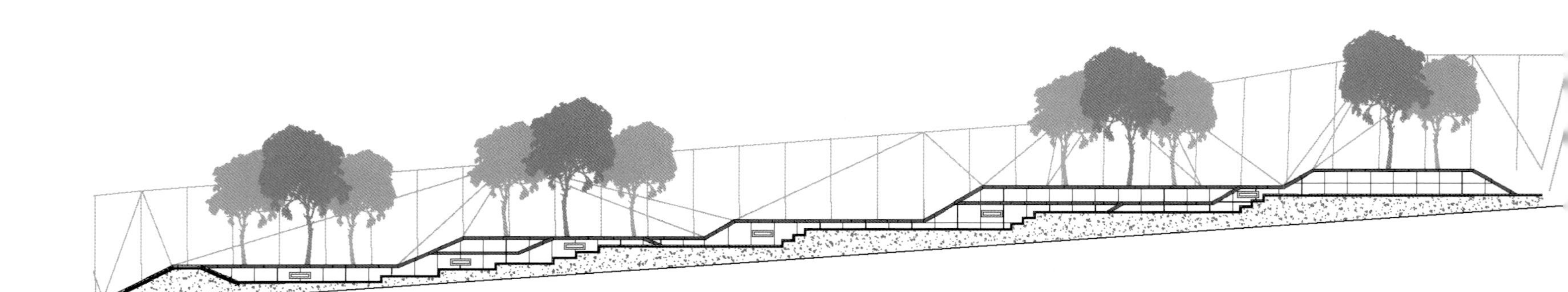

整体景观设计概括：阶梯式景观空间

这是墨尔本海港区一个新的商业综合体项目，包括商业街、小公园、平台广场以及庭院花园在内的多层次都市空间。设计打破了景观与建筑常规的90度直角的空间关系，创造出一种独特的景观语言，成功地打造出一系列商业景观功能空间，包括梯形的景观地形、座椅、种植池和平台等，形成温馨舒适，尺度宜人的空间形式。

铺装景观的设计手法和特点："地毯"式无缝连接

设计师将表现感很强的建筑外表面肌理运用到户外的铺地上，地形被设计成"地毯"一样向上方延伸，将建筑与景观无缝地连接在一起，亦将突出的平台包裹在里面，融合公共与私有空间，动态与静态空间。

木平台的木板变化为下方街道的木廊架。所用的木条是澳大利亚本土的硬木，在施工之前需要进行特别处理除去丹宁酸，以保证木条的耐久性。为保证更好的视觉效果，木条连接件都被隐藏起来。温暖的木质材料与相对硬朗的铺地相结合，营造出更为宁静、舒适的空间感受。

种植池巧妙地隐藏在景观平台之后，种植池下方设有起到过滤作用的碎石带，多余的浇灌用水可以在过滤后流入整个项目的雨水系统。选用的景观植物有非常耐旱的当地植物，如澳洲山龙眼与柠檬桉等，下层是本地的灌木与地被植物。

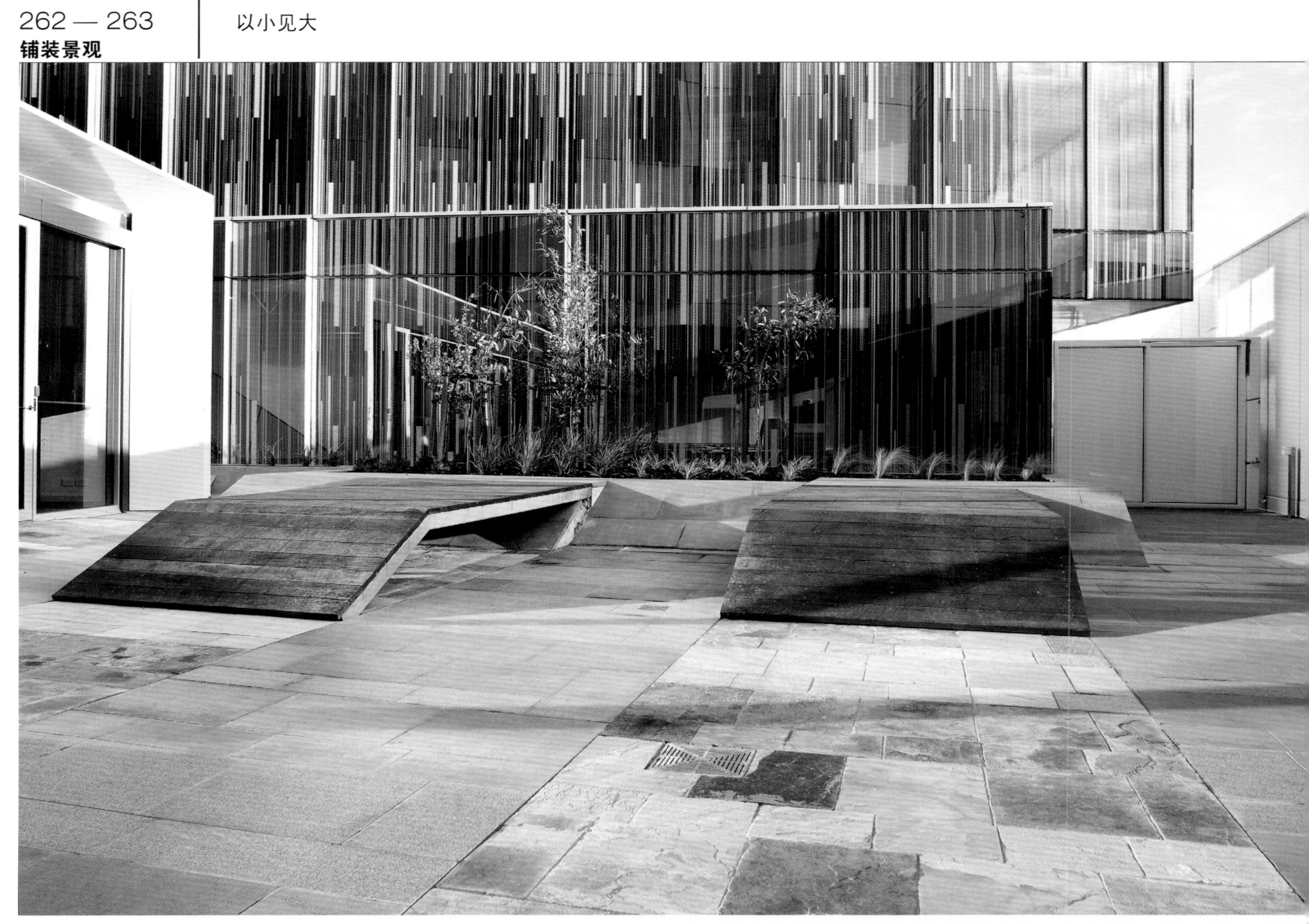

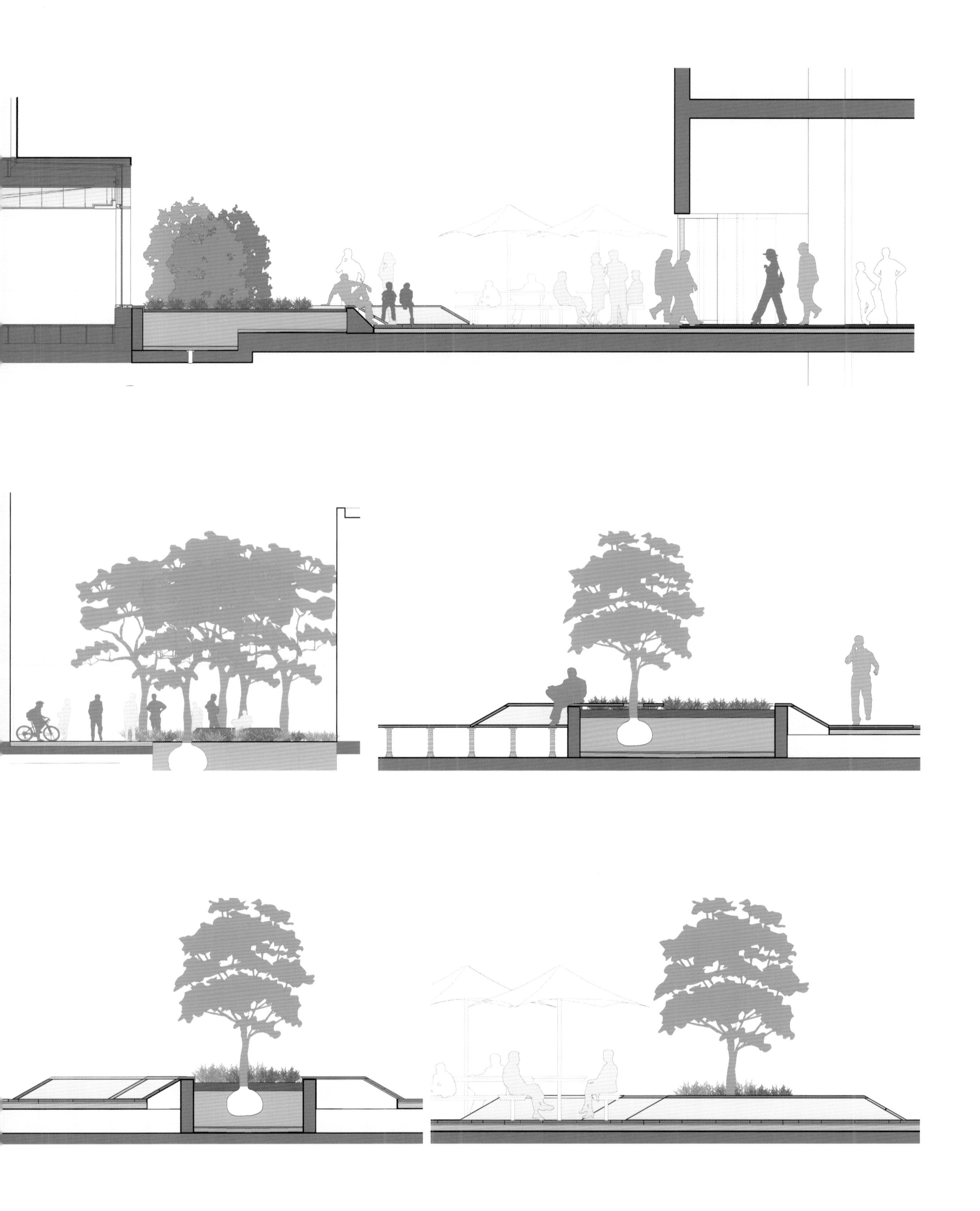

Downtown Jebel Ali · 广场铺装

半圆型灰白石质搭配

业　　主：Limitless Ltd
项目类型：商业
项目地点：迪拜
设计单位：美国SWA集团
采　　编：盛随兵

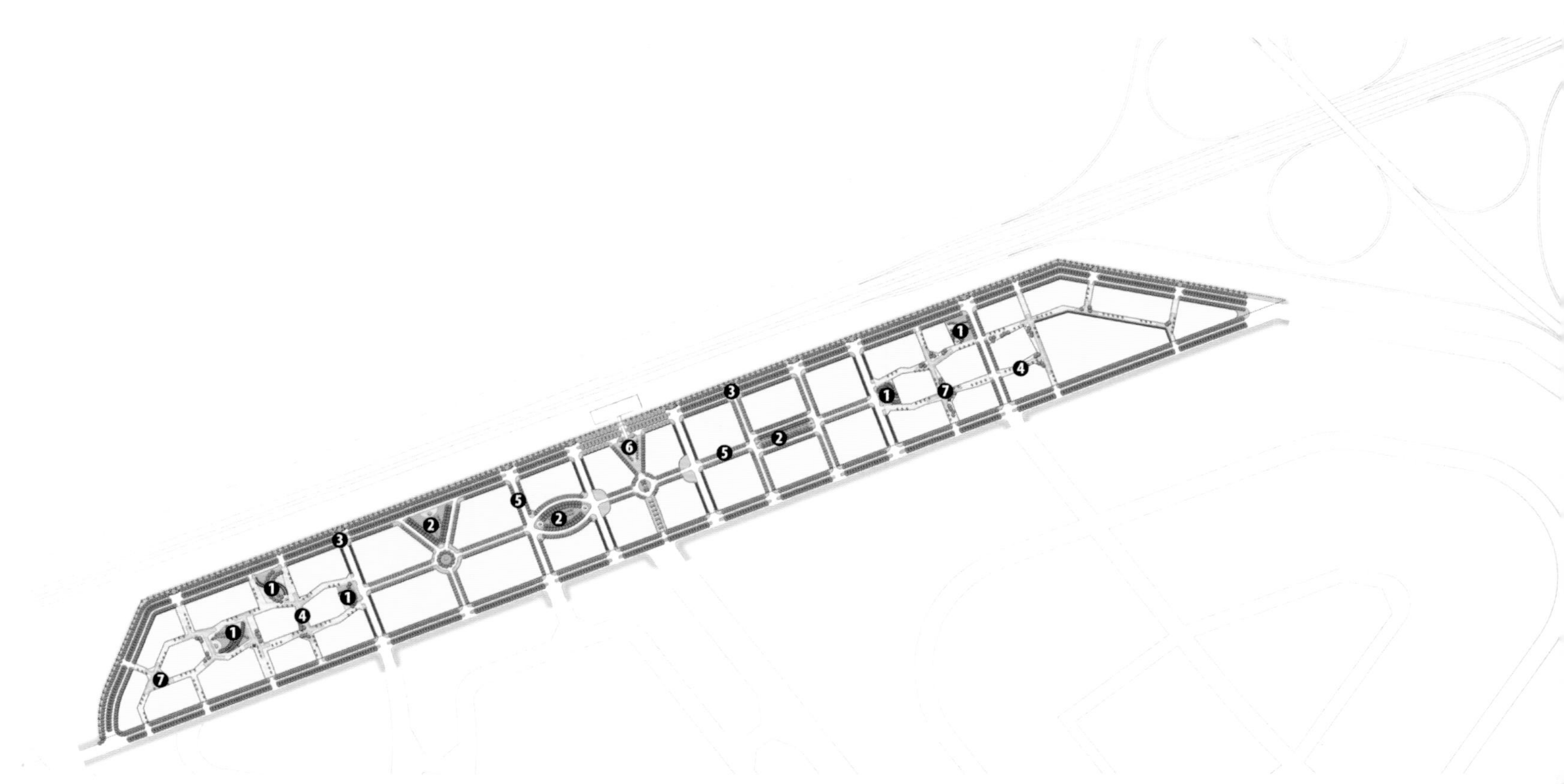

整体景观设计概括：绿色生态

迪拜塔公园占地11万平方米，其景观设计包括一条湖畔走道、一个休闲树丛、室外用餐区，以及一个休闲广场。从包围着世界第一高楼的迪拜塔公园，到媲美世界闻名街道的艾马尔大道，迪拜塔商业区的景观将游客迎入一处绿色、阴凉，同时充满欢乐的城市胜景之中。

湿热的户外空气，在迪拜塔冻水冷冻系统的作用下，产生了明显的冷凝现象，每年将形成一千五百万加仑的水。这些冷凝水将会被收集起来，用作项目景观的灌溉用水。

广场铺装景观的设计手法和特点：半圆型灰白石质搭配

作为项目核心景观点之一的休闲广场，采取半圆型石质铺装设计，通过灰白相间的色彩搭配，使广场呈现出简约时尚感，同时在呈半圆型的白色条纹铺装上，配有石凳，可供人们休息。另外休闲广场还配有大型电子屏幕，增强了休闲广场的实用性和趣味性。

LIMITLESS

迈阿密杰克逊南方医院·公园铺装

微波形状

业　　主：杰克逊医疗卫生系统
项目类型：公园
项目地点：美国佛罗里达州
设计单位：mikyoung kim design
采　　编：张雅林

整体景观设计概括：以休闲疗养为主

微波公园是一个雕塑公园，分为休闲公园和疗养公园，两者中间用彩色CMU墙分开。这两个独特的公园空间赋予了公园更多的功能，适应不同人群的需要，形成了一个层次多、丰富性强、可参与度高的大型雕塑公园。

铺装景观的设计手法和特点：微波形状

项目以“水流过沙面留下的微波痕迹”为概念，其铺装把沙面和海面不断变幻的微波状态形象化，流畅柔和的线条舒缓了医院的气氛。

除了黑白相间的铺砖外，还设计了几条交叠的石道，围成半圆形，通过一个缓缓的如微波高低起伏的斜坡与下层的花园空间相连，人们可以在这条环道上散步，同时可以感受地形高度的变化。

花园里的座椅设计多样化，可满足多种需求。周围栽种了适应当地环境的植物，还有水景等舒适景色。

特拉福德码头散步区·走廊台阶

彩色透水地面

项目类型：公园
项目地点：英国曼切斯特
设计单位：FoRM Associates
采　　编：吴孟馨

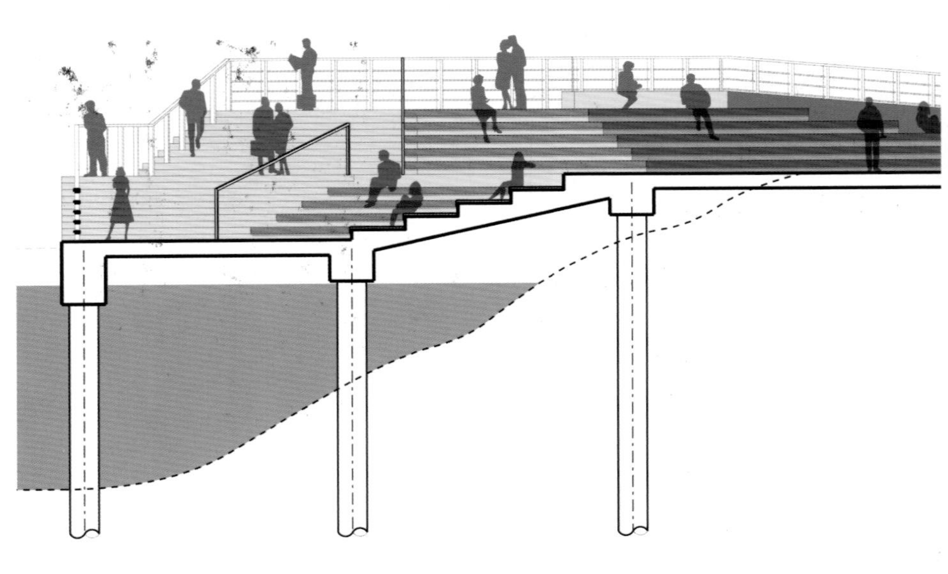

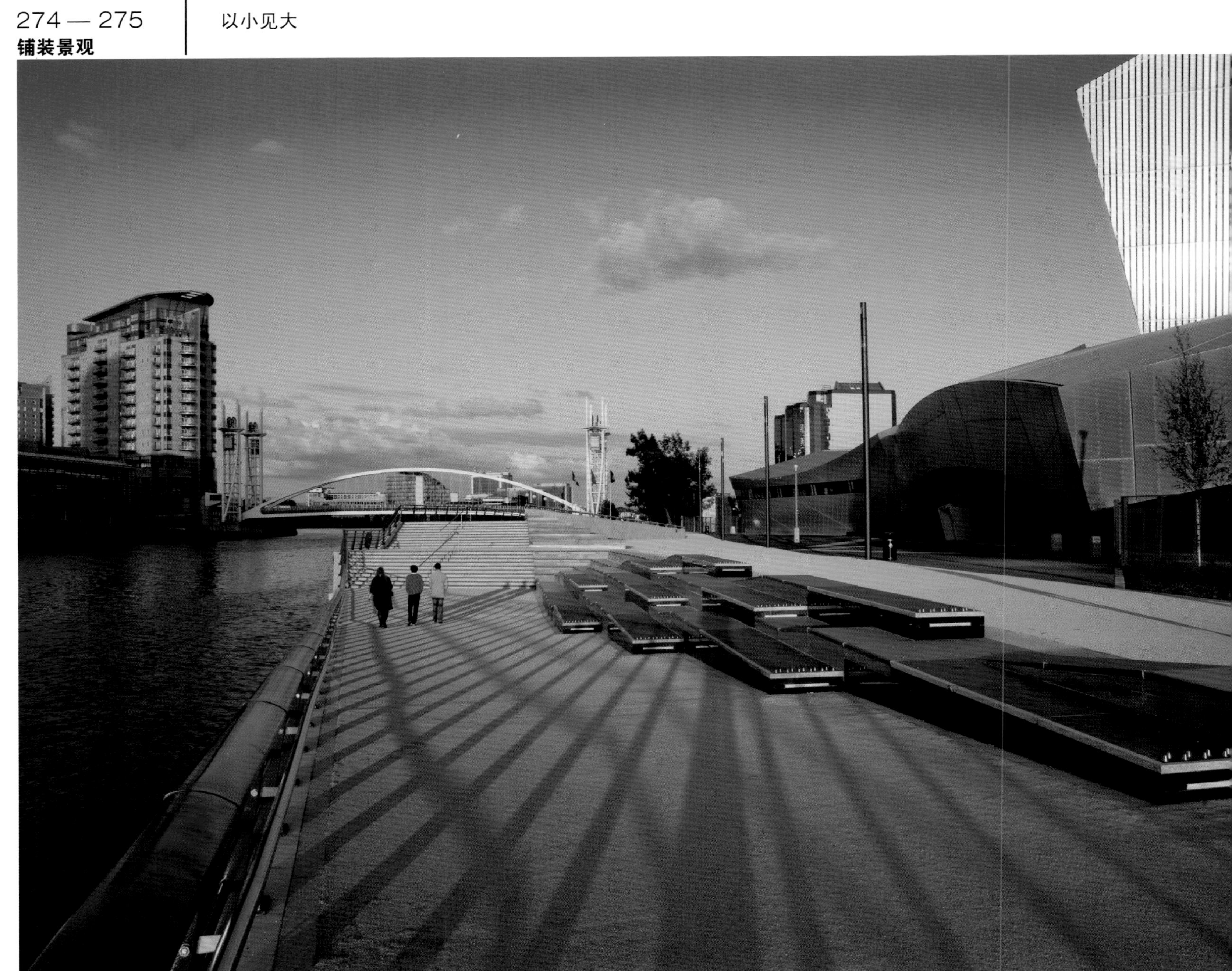

整体景观设计概括：休闲滨河廊道

特拉福德码头散步区位于曼切斯特市的工业郊区，是艾威尔河流域的一个重要创意中心。其中的滨河长廊是艾威尔河沿岸（全英最长的改造走廊之一）规划的一部分，链接索尔福德大学、曼彻斯特和新媒体城。走廊作为码头区一个重要的新环回通路，与新媒体城的人行天桥进行无缝连接，可以直达英国媒体城，并且同时成为帝国战争博物馆的一个新入口。

走廊台阶的设计手法和特点：彩色透水地面

散步区的走廊上下起伏，并设计了大量凹凸不平的装置，创造一个富有想象力的沿河活动空间。除了专门的自行车通道，还有可供休息的台阶，而且每一级台阶都有缓坡设计。人行小径的铺装材料用的是各种颜色的树脂碎石混合；栏杆用的是彩涂钢制和不锈钢结合；而附属设施则采用天然花岗岩、耐用硬木等材料。楼梯内嵌LED照明，夜晚发出优雅的蓝光，别有一番情调。加上周边的白桦树和混搭地被植物，更为休闲廊道增添生态气息。

塞维利亚音乐公园 · 铺装景观

复合型“地毯”

开 发 商：AGENCIA DE OBRA PUBLICA DE LA JUNTA DE ANDALUCFA

项目类型：公园

项目地点：西班牙

设 计 师：SARA TAVARES COSTA &PABLO DIAZ-FIERROS

摄　　影：PABLO DFAZ-FIERROS

采　　编：吴孟馨

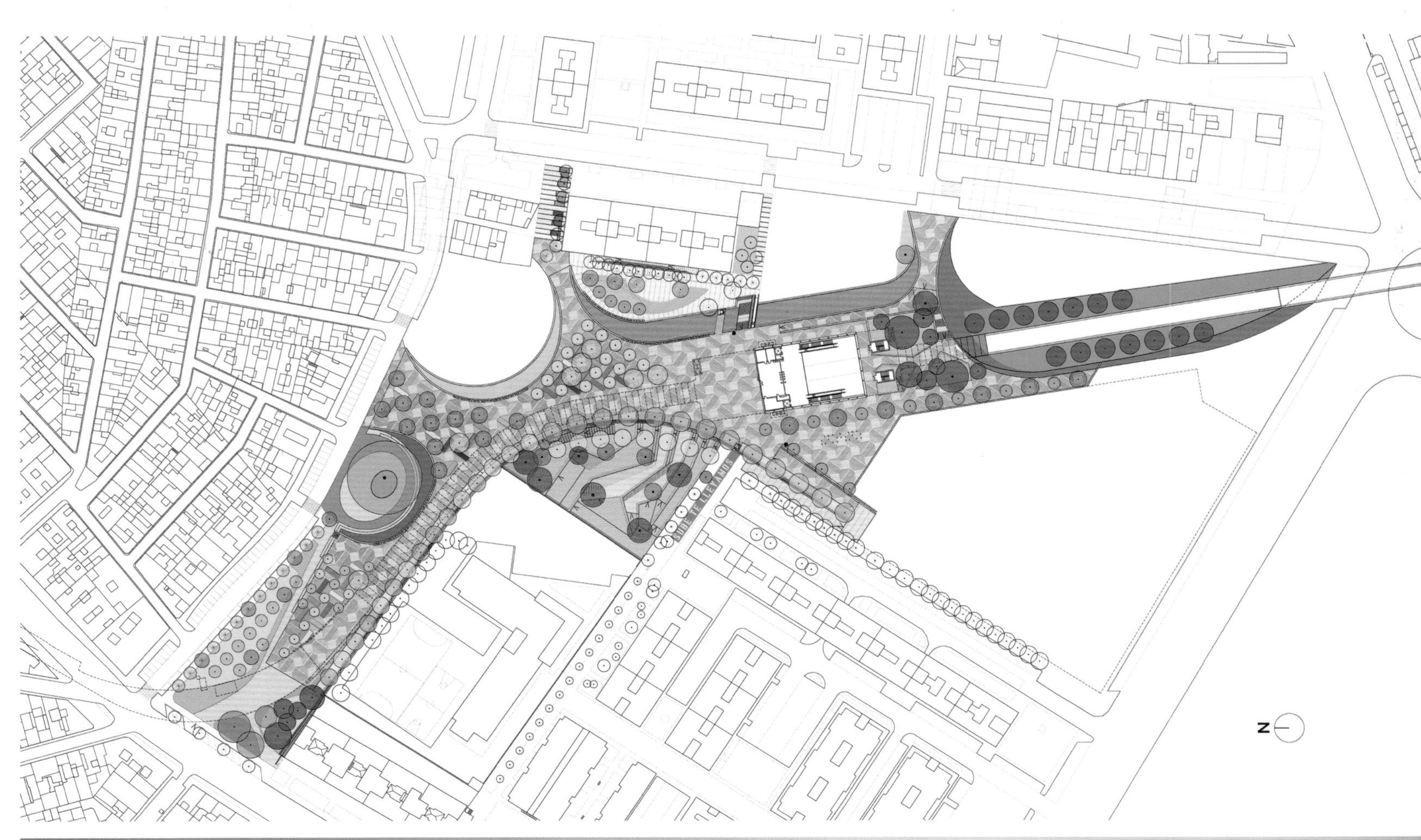

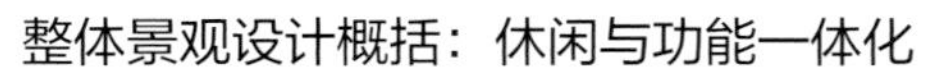

整体景观设计概括：休闲与功能一体化

塞维利亚音乐公园既是Cocheras地铁站与站点两边房屋的链接岛，也是居民散步、聊天的休闲景点。它一方面将城市联系得更为紧密，拥有更高效的内部连接；另一方面营造更为人性化、更高质量的户外空间，提升城市居民的生活质量。该公园为城市的发展作出了重大的贡献。

铺装景观的设计手法和特点：复合型“地毯”

公园采用了优质的铺装材料：瓷砖、鹅卵石以及花岗岩。铺地上不断重复的几何图案将公园不同的区域连成一体，图案的灵感来源于塞维利亚当地的一座皇宫。其中一款几何图案是由长6米、宽2米的条形石块和地被植物组合而成，形成一块视线无遮挡、无障碍的“地毯”，可以清晰地看到四周的景观，给人一种舒适、安定的感觉。

地被植物还填满了公园的挡土墙，为其添上了几分绿意和不同的质感。一面长274米、高7米的弧形墙上生长着18个类别、24个品种的植物，都是根据它们的生长地、朝向性、适应性、色彩还有气味来选择，这已然变成一面植物墙。

除了壮观的植物墙以外，设计师还根据植株的大小、叶片的形状、花和果实的浓密度等植物的特征，选择了23个品种，约200棵适宜当地环境生长的树种栽植在公园。其中有多年生的树种，为公园长年提供树荫；也有落叶树种，在不同季节历经着发芽开花结果，为公园变换着不同季节的生态风景线。

Ponte de Lima花园·黑色裂缝

碎石对称造型

开 发 商：Municipio de Ponte de Lima
项目类型：花园
项目地点：葡萄牙
设计单位：Oglo + PPil
设 计 师：Emmanuel de France, Arnaud Dambrin
Sébastien Demont, Hortense Reynaud
采　　编：吴孟馨

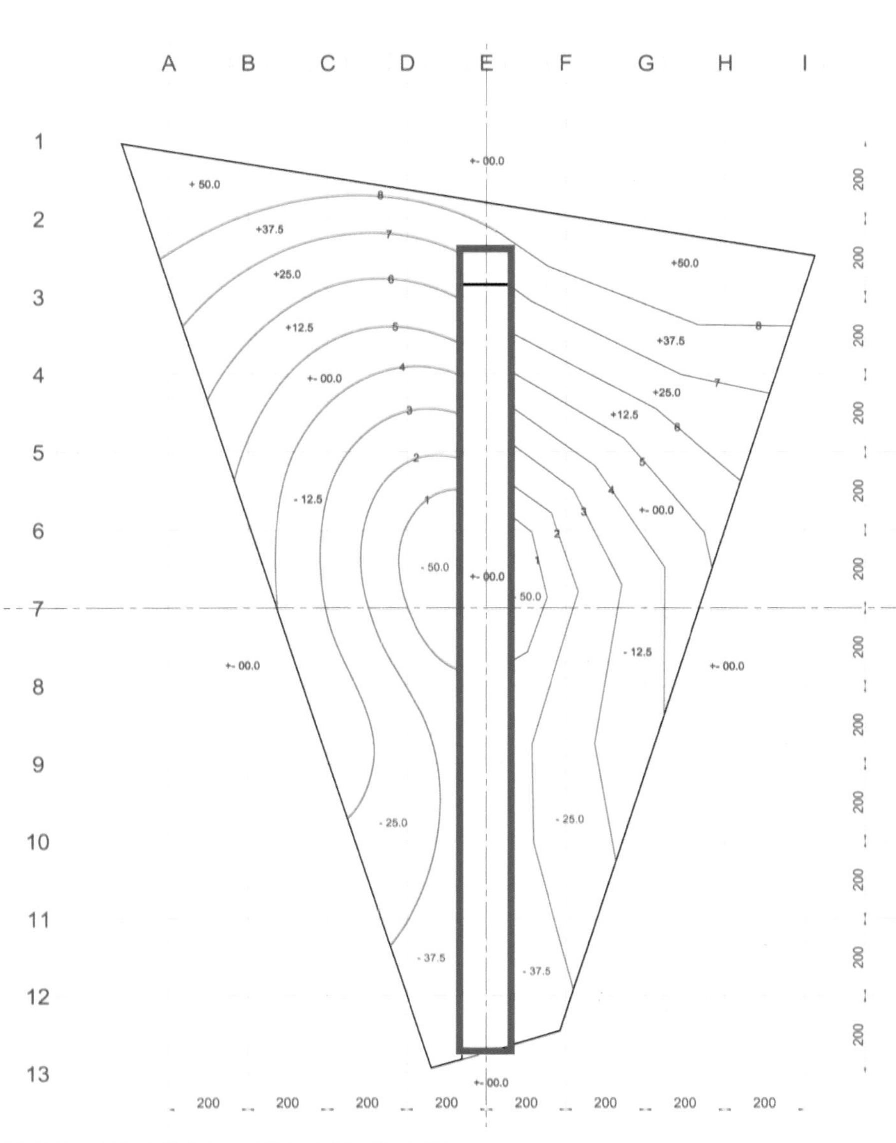

整体景观设计概括：“混乱花园”主题

葡萄牙最古老的城市Ponte de Lima每年举办一场为时6个月的由建筑师、景观设计师和艺术家的短期作品组成的国际花园节.第六期的主题“花园中的混乱”，Oglo和Ppil创作了“黑色裂缝”——在人工花园和自然花园中间的一条轨道。

铺装景观的设计手法和特点：碎石对称造型

“黑色裂缝”象征着矛盾冲突的混乱状态，而通过镜子的放射和延伸，将凌驾于自然与人工之上的混乱状态这种抽象寓意具象地表达出来，并达到极致。

为体现“混乱”状态，铺装主要以碎石为主。“黑色裂缝”是用沥青、碎石板铺就，镜子“延伸”了整个长度。裂缝带两边则以不同的卵石、砾石材料却几乎对称的形式形成强烈的反差。人工树仿自然树的结构和形态，使用了钢结构焊接并涂上红色的油漆，另类的质感与对面的枯树形成对比。

左边自然花园种植了适应贫瘠土壤和恶劣环境条件的药草植物，这些植物形成弯曲的轮廓，与公园的直线形成对比。右边的人工花园是人类对抗混乱的象征，是一个寓意结构，似乎是左边自然花园在镜中的扭曲反射。

Bohus Archipel · 花园铺装

"岛屿"象征

开 发 商：Landesgartenschau Norderstedt
项目类型：花园
项目地点：德国诺德斯泰特
设计单位：ANNABAU Architecture and Landscape
摄 影 师：Hanns Joosten
采　　编：吴孟馨

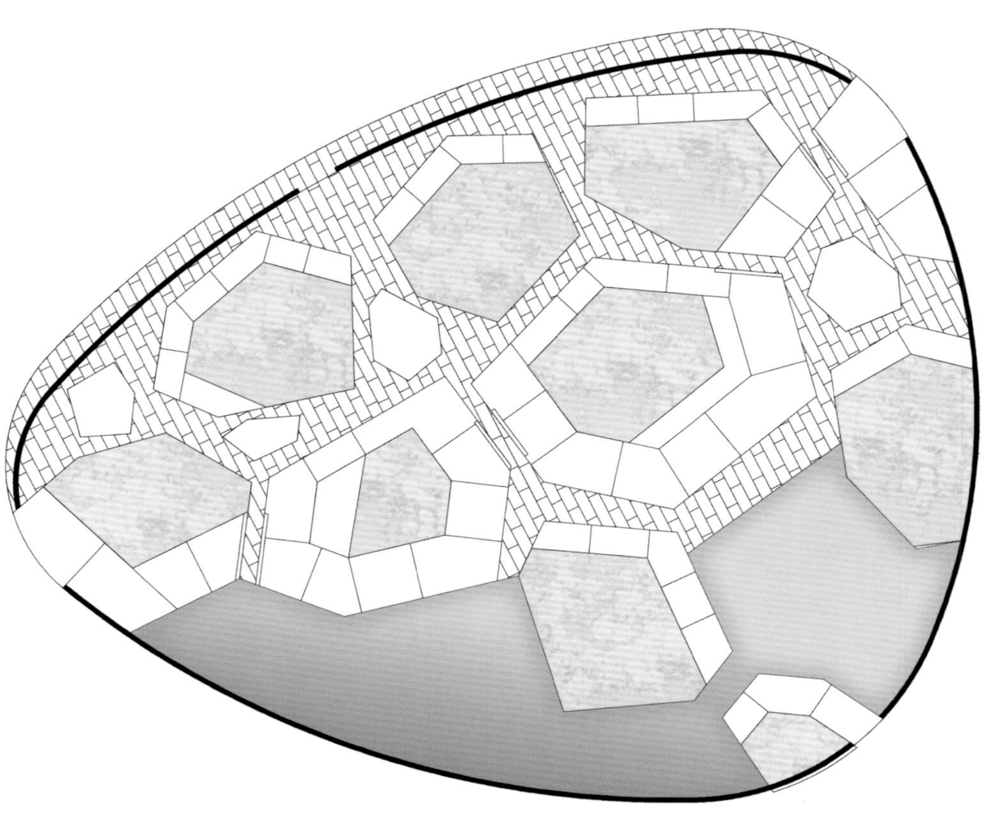

整体景观设计概括：简约风格

Bohus Archipel花园的设计灵感来源于简约风格的瑞典西海岸，主要由建筑规划公司ANNABAU设计。花园位于诺德斯泰特地区的园艺展入口处，由半透明的聚合物网状结构所形成的外墙包围起来。

铺装景观的设计手法和特点："岛屿"象征

花园设计素材主要有天然石材板、水和玫瑰。小块的花岗岩铺装指代海岸，微红色的大块石板形成"石岛"，小溪流从围合的聚合物网下方流入园子里，在岛间的空隙缓缓流淌，吸引着游人赤脚走入浅水当中。

部分多年生植物在"岛"上鲜艳绽放，是保持园子全年生机勃勃的重要植物景观，如奥斯汀玫瑰、堇菜、羽衣草、睡莲等。

花岗岩结合水元素和生长旺盛的植物，相映成趣。在炎热的夏天，花园里的微气候将显得格外宜人、舒适。

植物景观

植物设计，在整体环境景观构建上有着极其重要的地位。曾有位国外的设计师说过“植物是天赋予的素材，也是神的恩惠。”植物的大小、形态、结构、质地和色彩、生长速度都是随季节的变化而变化的，但我们可以将花、果实、气味、自然姿态和美丽的造型等作为设计要素加以利用，创造出美好的景观。

植物作为园林景观营造的主要素材，其最终所形成的景观效果在很大程度上取决于对植物的选择和配置。例如美国加州的Sunnylands 中心花园，作为一个沙漠植物园，景观设计师重新塑造了地形，在整个60 702.85平方米的地块上种植了约53 000株植物，并且在植物布置上注重色彩搭配。树木的种植位置都经过精心考量，保证园内拥有足够的树荫空间，同时也保证灌木、地表等植物的视觉效果。除了选用适合当地的植物之外，项目还对沙漠栖息地进行了环境恢复；新加坡滨海湾花园通过大量的热带花卉、色彩各异的植物，展示了热带地区园林艺术的精髓；杭州朗诗美丽洲的园区内，每一条依据地形或弯曲而上或左转右环的之字形路旁，都种植着枝繁叶茂的各色树木，踩着蜿蜒流转的石板，随时都可领略“曲径通幽”的园林美学。

景观设计是环绕建筑外部空间所进行的一项综合了艺术和技术的系统工作，而以植物题材进行的景观设计，更能体现人与自然的和谐统一。

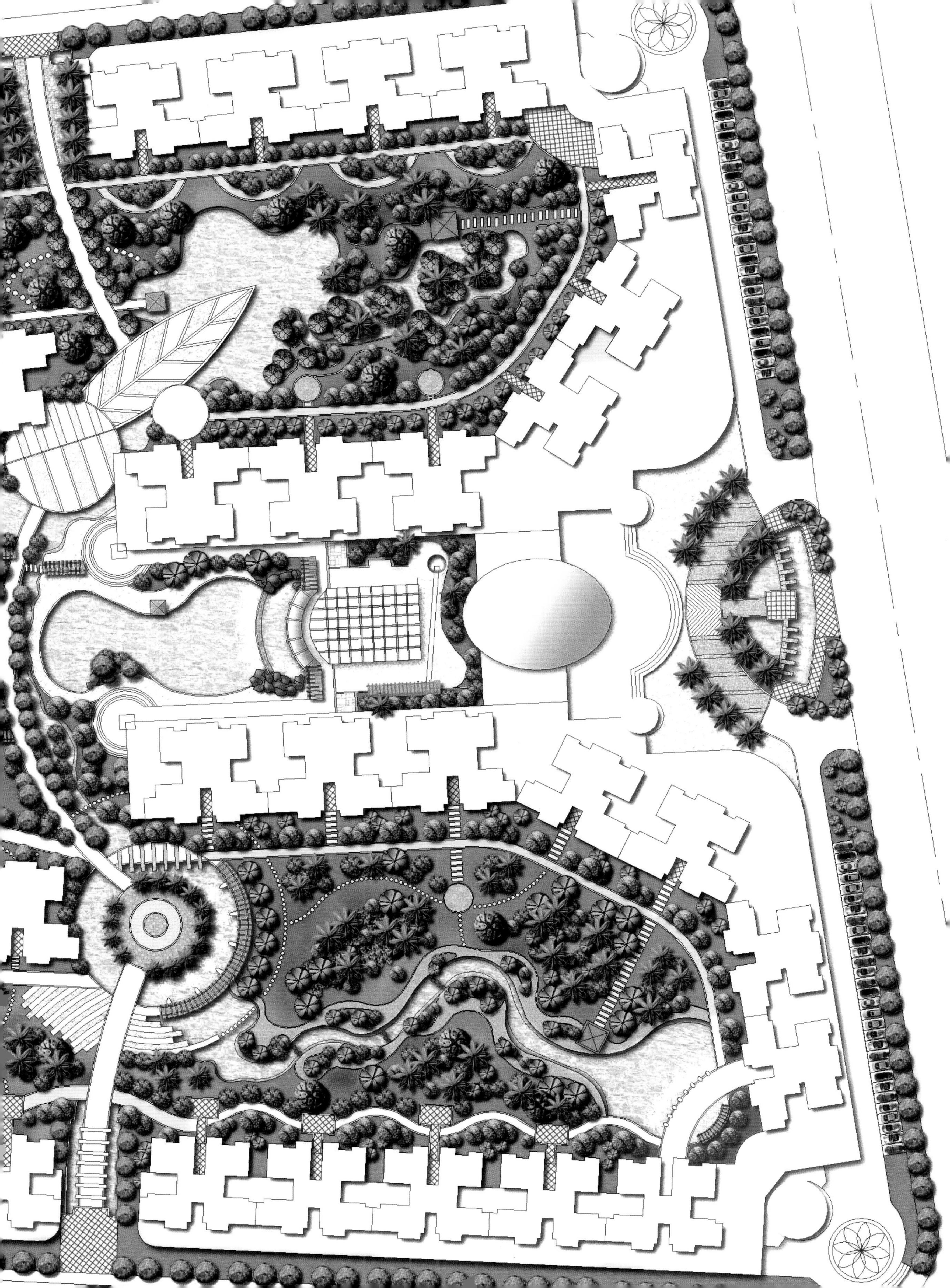

朗诗美丽洲·会所植物

“之”字形转折

开 发 商：朗诗集团股份有限公司
项目类型：别墅
项目地点：杭州
设计单位：泛亚国际
采　　编：盛随兵

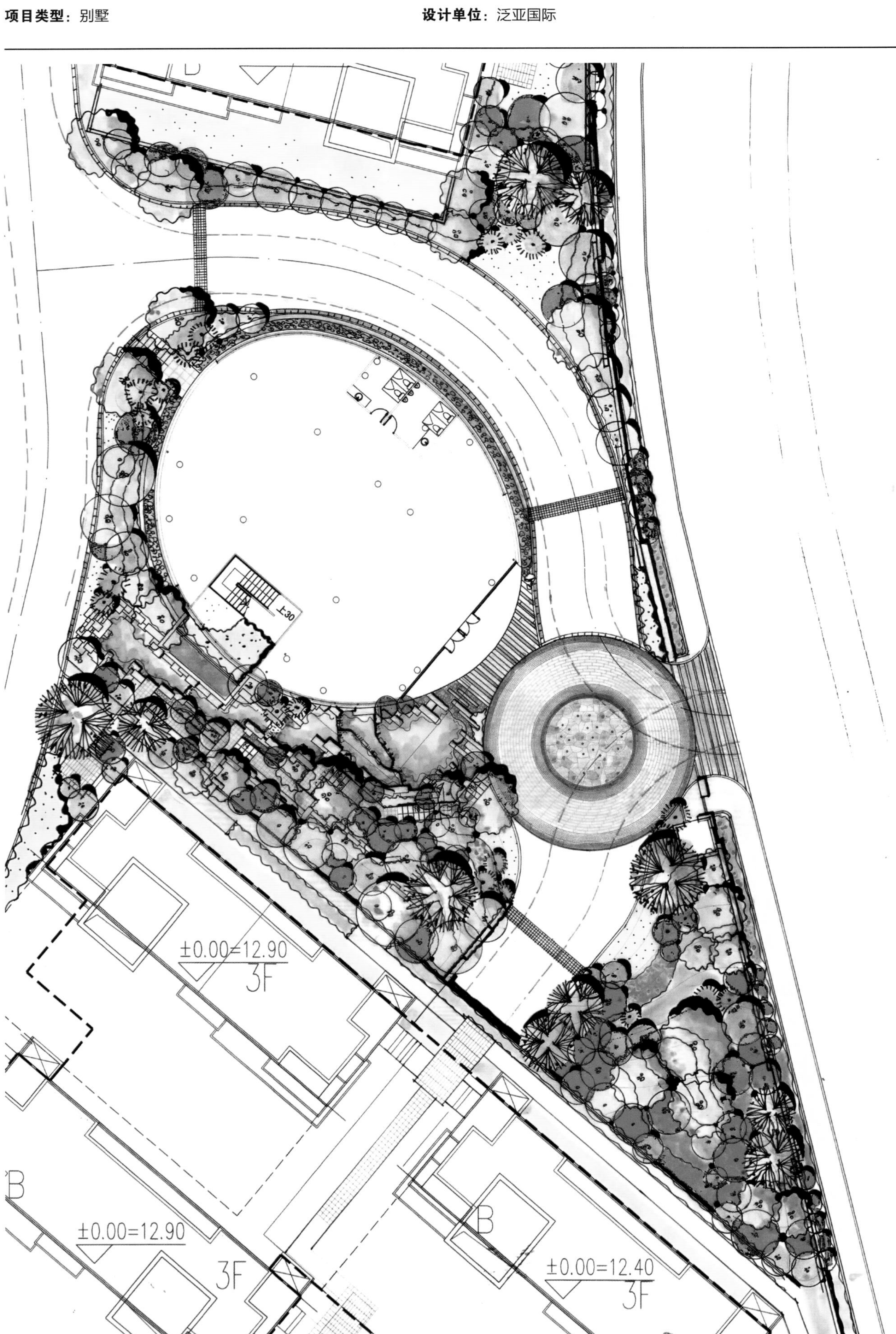

整体景观设计概括：四重视觉的绿立方园林

朗诗美丽洲位于良渚精华深处，西依原生山脉，东望美丽洲公园，与良渚文化村连为一体。在小区景观营造上，项目采取四重景观设计。第一重为私家后院园，开发商将项目西侧的梧桐山打造成业主的私家后院园，在梧桐山修建了一个88级的登山坡道，并在山顶设有光景平台、原生态茅草屋等；第二重为屋顶绿化，在每一幢别墅的屋顶设计了屋顶绿化，兼具观景与隔热功能；第三重为庭院景观，庭院朝南，且面积达70—100平方米；第四重为室内绿化，有助于净化空间。项目的四重景观设计营造出一个层层递“景”的绿立方园林。

会所植物景观的设计手法和特点：“之”字形转折

在社区园林中，项目南入口处的坡地会所可谓整个园林的亮点。现代而极富个性的坡地会所与其周边景观相得益彰，沿着会所旁的山涧溪流拾级而上，草木丰美，花团锦簇，清澈跌水潺潺而下，步移景异的意境油然而生。

园区内，每一条依据地形或弯曲而上或左转右环的“之”字形路旁，都种植着枝繁叶茂的各色树木，踩着蜿蜒流转的石板，随时都可领略“曲径通幽”的园林美学。

此外设计初期植被设计师对周围种植品种做了很多调研，把很多树种记录下来，做了备选，做植物施工图时用进去，然后和当地设计师去沟通现场种植，使其从整体绿化视觉上做到与周边环境充分融合。

Spanish Walk社区 · 绿道植物

线型绿色空间

项目类型：住宅
项目地点：美国
设计单位：美国SWA集团
采　　编：盛随兵

整体景观设计概括：热带雨林风格

项目位于美国加州棕榈沙漠，占地319 701.66平方米，是一个高密度的住宅项目。整体上，该项目包括了5种户型，还有一系列供居民聚会游玩的露天场所。

项目规划的重心在于如何将项目的排水系统与露天场所规划、景观配置（涉及沙漠地区节水植物种植）结合起来。

区内水池、公园交错。中央公园设有一个休闲草坪、一个小型奥林匹克池，一个儿童玩水区，可供夏日消暑。

绿道景观的设计手法和特点：线型绿色空间

绿道就是沿着诸如河滨、溪谷、山脊线等自然走廊，或是沿着诸如用作游憩活动的废弃铁路线、沟渠、风景道路等人工走廊所建立的线型开敞空间，包括所有可供行人和骑车者进入的自然景观线路和人工景观线路。绿道设计主要是为了连接社区和风景优美的景点。绿道为环保、休闲和替代性交通提供了珍贵的绿色空间。

本案中绿道为线型小径，将社区连接到学校、购物区、闹市区、办公区、娱乐区、开放空间和其他活动地点。其设计有利于提供步行和自行车连接、视觉屏障、污染缓冲，将人与自然资源有效的连接起来。

Esperanza

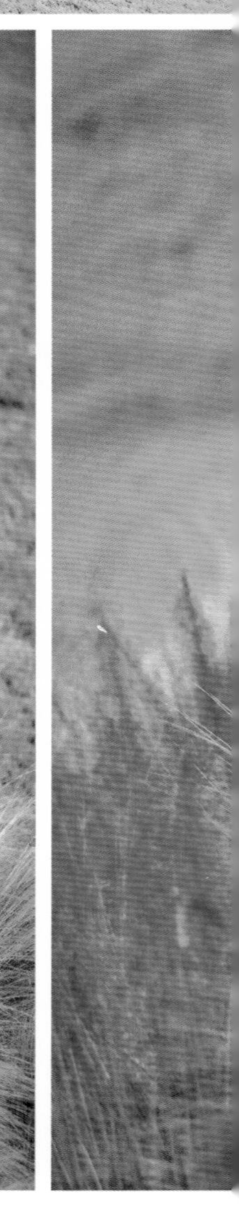

费尔蒙特斯克兹代尔公主酒店·庭院植物

高低错落

项目类型：酒店
项目地点：美国亚利桑那州
设计单位：美国SWA集团
采　　编：盛随兵

整体景观设计概括：全新装修打造私密悠闲的别墅景观

黄金别墅是费尔蒙特斯克兹代尔公主酒店的高级套房，位于酒店黄金地段的东南角，由4栋建筑组成，附带庭院、会议室等设施。每个庭院都建有私家沙滩、喷泉和树池，入口处综合运用了重蚁木、不锈钢和考顿钢等材料。四个经过翻新的庭院和一个全新建造的花园入口给来此下榻、聚会、放松的客人带来耳目一新的感受。

植物景观的设计手法和特点：高低错落

黄金别墅被四周的植物所环绕，形成围合的空间感。道路入口两旁由不同种类的植物搭配，低有色彩缤纷的各色花草，高有棕榈树等遮阳大树，高低错落有致，相映成趣。地面除了步行道是石砖以外，其他均以草坪或卵石铺装，增添大自然气息。四周还种植了大量适应本地干旱气候的耐旱肉质类植物：如芦荟和仙人掌，其中几株硕大的仙人掌尤为醒目。

别墅区建有一个绿草如茵的高尔夫球场，并承办各种高尔夫赛事，高品质的活动旨在为酒店缔造为一个精品度假胜地。

新加坡滨海湾花园·温室植物

室内森林

开 发 商：National Parks Board　　**项目地点**：新加坡　　**设 计 师**：Andrew Grant

项目类型：公园　　**设计单位**：Grant Associates　　**采 编**：谢雪婷

整体景观设计概括：世界最大的室内植物园

新加坡滨海湾花园的设计源于“兰花”这一概念，是自然、科技、环境规划的丰富结合，也包含了园艺展示、日光、音响技术运用、湖、森林、活动场所、餐饮、购物等功能。该项目拥有智能化的环保措施，使新加坡的濒危植物可以在此健康生长，是寓教于乐的理想场所。

南湾是整个滨海湾花园中最大的花园，占地540 000平方米，毗邻滨海沙滩。这个充满活力的花园通过大量的热带花卉、色彩各异的植物，展示了热带地区园林艺术的精髓。

温室景观的设计手法和特点：室内森林

花园内设有两个“半球”状的植物温室，一个名为“花之穹顶”，另一个名“云之森林”。这两个温室临海而建，材料以钢铁和玻璃为主，达到观景视野最大度上的优化，并加强陆地和海洋之间的联系。该温室建筑群起到园艺标杆的作用，是园艺景点，也展示了环保能源科技，其使用最新的可持续性建筑技术，配备水流集和过滤系统。

温室内有来自全球各大洲（南极洲除外）的22.6万棵植物。“花之穹顶”是较大一个温室，占地面积12 000平方米。气温乃仿效地中海气候，温暖舒适，里面有来自界各地的各种植物，其中以地中海植物为主，例如橄榄树、椰枣树、猴面包树和宝瓶等。“云之森林”则模仿高海拔地区的湿冷气候，一座30米高的瀑布将成为温室内的要景观，并将培育超过13万株在新加坡自然条件下无法找到的山地植物。两个温室馆为游客提供了一个全天候寓教于乐的空间。

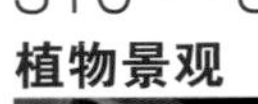

The Fall

Lafayette花园 · 广场植物
农作艺景

开 发 商：Compuware Corporation
项目类型：广场
项目地点：美国底特律
设计单位：Kenneth Weikal Landscape Architecture, Farmington Hills, MI
采 编：张雅林

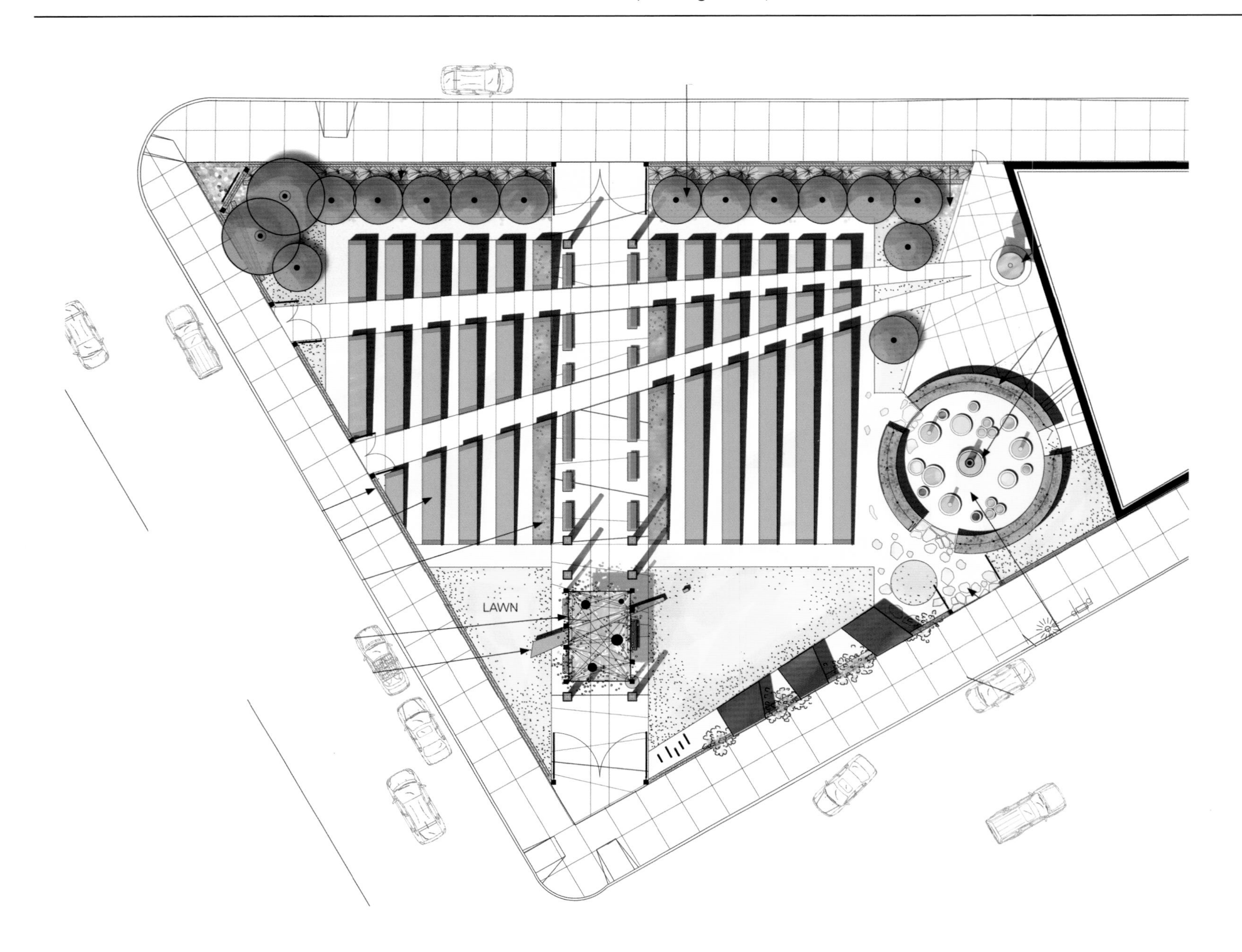

整体景观设计概括：都市农园

Lafayette花园以“都市几何”为基础，将农业、园艺、生产性景观以及食品生产过程融入到底特律的市中心景观当中。花园通过直线、圆形和方形的结合，为繁忙的都市空间注入不同形式且有条理的绿地气息，也为该地居民带来健康的食物、绿色的空间以及农家的乐趣，兼具生产性、观赏性和启发性。

植物景观的设计手法和特点：农作艺景

排列有序的长条型凸状苗圃，造型整齐、优雅，里面种满蔬菜、水果和花卉。宽敞的人行道两旁，设有薰衣草种植池和长椅，通过花园的功能性空间将走道划分出来。除了苗圃，园内还种植了本地苹果树、藤蔓植物、浆果以及短型果园草甸等多样性植物类型。

园内一角被无刺的黑莓灌木和向日葵环绕起来，组成一个圆形的彩色种植池，名为“儿童花园”。里面一个个“小花坛”由改装的果汁桶和电镀的密封圈制成，高低错落，使得各个年龄层的孩子都可以方便接触。

密集种植的垄地采用了滴灌技术以及耐旱的羊茅草坪，相比传统的园子，大概增加了200-400%的产量值，而水和电力等能源消耗量则要低得多。

在这里，人们可以除了聚会以外，还可以动手参与种植、维护、收割植物，亲身参与到食物的生产和分享过程中，同时通过植物的更迭而感受季节的变化。

LAFAYETTE
GREENS
URBAN GARDEN

butterfly bush

Peppers
& Beans

Sunnylands 中心花园 · 室外植物

旱景春色

开 发 商：The Annenberg Foundation Trust at Sunnylands
项目类型：植物园
项目地点：美国加州
设计单位：The Office of James Burnett, Solana Beach, CA
采　　编：张雅林

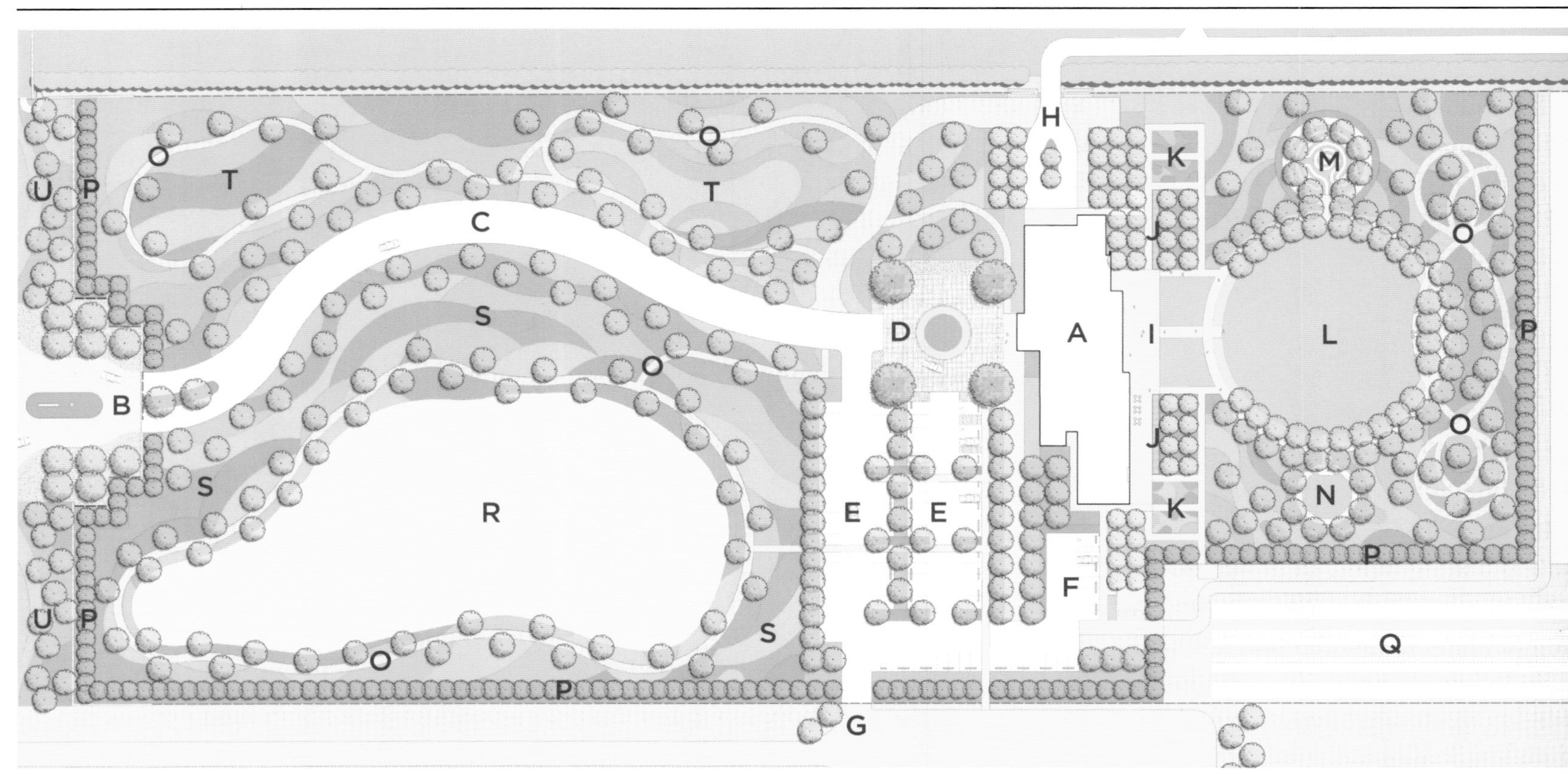

整体景观设计概括：沙漠中的“绿海”

Sunnylands中心花园位于美国加州，是Walter and Leonore Annenberg的一个809 371.28平方米的沙漠度假中心的配套景观项目。项目占地60 702.85平方米，是一个全新的沙漠植物园。景观设计师设计了一套生活景观来反映了索诺兰沙漠的特点，同时也展示了西南干旱区的全新生态美学。

本项目不同于传统上需要耗费大量水资源、化肥还有引种大量外来物种的棕榈泉景观，它挑战了沙漠景观设计的现状，并且提升了人们对当前脆弱的生态系统的一种保护意识。

植物景观的设计手法和特点：旱景春色

景观设计师重新塑造了地形，在整个60 702.85平方米的地块上种植了约53 000株植物，并且在植物布置上注重色彩搭配。树木的种植位置都经过精心考量，保证园内拥有足够的树荫空间，同时也保证灌木、地表等植物的视觉效果。植被的设计主要以一大片为单位，就像一整片大型的苗圃。所以，大片的芦荟、龙舌兰还有仙人掌形成整片不同色彩和质感的分区。

为了特殊活动的需要，后花园在中心设置了一个圆形草坪，也是后花园的特色点。连接多个私密花园的人行道两旁种植了两列沙漠特色树种Palo Verdes。

除了选用适合当地的植物之外，项目还对沙漠栖息地进行了环境恢复。同时采用了高效的毛细管滴灌系统，土壤湿度监控，拥有百分之百的雨水回收率，开凿了地热井，太阳能利用系统和就地废物回收机制。

居住景观

别墅

022 南非House Tsi · 庭院雕塑
062 Landscape Fence · 泳池围栏
068 南非House Tat · 庭院泳池
074 南非The Constantia Kloof · 庭院泳池
078 大一山庄 · 庭院泳池
084 潜水者的玻璃屋 · 围墙
098 YRIZAR宫廷花园 · 围墙
104 Farrar Pond住宅 · 雕塑围栏
246 Private Residence · 庭院铺装
250 千岛湖翡翠岛 · 内院通道
288 朗诗美丽洲 · 会所植物

高层

010 万科东荟城 · 会所及园区雕塑
110 Spanish Walk社区 · 休闲座椅
254 华润重庆二十四城 · 入口广场铺装
292 Spanish Walk社区 · 绿道植物

商业景观

商业区

120 GSA 昆西庭院 · “树丛”设施
172 巴黎数码小站 · 公建设施
222 鲍威尔街人行道 · 栏杆及长椅
264 Downtown Jebel Ali · 广场铺装

综合体

012 苏河1号 · 展示区雕塑
016 华侨城欢乐海岸 · 广场“树状”雕塑
260 717 bourke street · 铺装景观

酒店

126 灵山元一丽星温泉度假酒店 · 温泉景观
298 费尔蒙特斯克兹代尔公主酒店 · 庭院植物

办公景观

办公楼

176 SEB银行办公区 · “前庭”设施

公共景观

公园

026 台东小野柳游客中心 · 灯光雕塑地景
034 成吉思汗广场 · 雕塑景观
038 Duecentosessanta MQ · 木柱景观
040 Dunkin Donuts广场 · 不锈钢雕塑
052 西北公园 · 灯饰景观
140 Pirrama公园 · 滨海漫步大道
202 哈尔滨雨阳公园 · 步道桥
208 群力国家城市湿地公园 · 木栈道
230 黄土园 · 陶泥塑
238 利马桥镇公园 · 临时景观设施
270 迈阿密杰克逊南方医院 · 公园铺装
272 特拉福德码头散步区 · 走廊台阶
276 塞维利亚音乐公园 · 铺装景观

博览园

168 徐霞客旅游博览园 · 茶室景观

广场

030 D. Pedro IV广场 · 灯饰景观
044 海洋郡图书馆入口广场 · 灯笼雕塑
182 联邦广场 · 城市胶带
188 Genk C-M!ne广场 · 特色座椅
196 江苏睢宁县徐宁路 · 流云水袖桥
312 Lafayette花园 · 广场植物

游乐场

150 悉尼达令港 · 儿童游乐场
156 Schulberg雕塑游乐场 · 攀爬网

植物园

160 新加坡滨海湾花园 · 空中花园
218 香格里拉植物园 · 五大展区
280 Ponte de Lima花园 · 黑色裂缝
282 Bohus Archipel · 花园铺装
306 新加坡滨海湾花园 · 温室植物
316 Sunnylands 中心花园 · 室外植物